汉译西洋数学书对日本影响的文献学研究

——以康熙《御制数理精蕴》为中心

李文明／著

知识产权出版社
全国百佳图书出版单位

图书在版编目（CIP）数据

汉译西洋数学书对日本影响的文献学研究：以康熙《御制数理精蕴》为中心：日文/李文明著.—北京：知识产权出版社，2016.10

ISBN 978-7-5130-4480-6

Ⅰ.①汉… Ⅱ.①李… Ⅲ.①数学史—研究—日本—日文 Ⅳ.①O113.13

中国版本图书馆 CIP 数据核字（2016）第 227810 号

内容提要

该书是对中国西学书籍《数理精蕴》（1722年）及与之相关的其他国家书籍在日本传播的文献学研究。由"考论篇""写本研究篇"两部分构成。

"考论篇"解决了日本最早对数表的原典、《数理精蕴》是否存在完整和译本以及朝鲜书籍与《数理精蕴》在日本传播的关系三个学术问题。

"写本研究篇"对江户后期出现的《数理精蕴》写本进行目录学、文献学的梳理，比较各写本的异同。通过写本分析指出《数理精蕴》在日本近代数学教育史上的启蒙意义。

责任编辑：冯　彤　　　　**责任校对**：潘凤越

装帧设计：张　冀　　　　**责任出版**：卢运霞

汉译西洋数学书对日本影响的文献学研究——以康熙《御制数理精蕴》为中心

江户後期西洋数学受容の文献学的研究——『数理精蘊』を中心に——

李文明　著

出版发行：	知识产权出版社有限责任公司	**网　　址**：	http://www.ipph.cn
社　　址：	北京市海淀区西外太平庄 55 号	**邮　　编**：	100081
责编电话：	010-82000860 转 8386	**责编邮箱**：	fengtong@cnipr.com
发行电话：	010-82000860 转 8101/8102	**发行传真**：	010-82000893/82005070/82000270
印　　刷：	北京中献拓方科技发展有限公司	**经　　销**：	各大网上书店、新华书店及相关专业书店
开　　本：	787mm×1092mm　1/16	**印　　张**：	18.5
版　　次：	2016 年 10 月第 1 版	**印　　次**：	2016 年 10 月第 1 次印刷
字　　数：	254 千字	**定　　价**：	54.00 元

ISBN 978-7-5130-4480-6

はじめに

周知の通り、江戸時代は日本数学史において、最も輝く一時代である。日本文明独自の特色を持つ和算が飛躍的に発展したことはもちろん、西洋数学も、江戸時代の学者に積極的に受け容れられた。概して言えば、西洋数学の輸入には二つのルーツがある。一つは、蘭書による直接の輸入。一つは、中国の漢訳書を通しての間接的な輸入。

本論は、漢訳書『数理精蘊』を中心として、江戸時代の西洋数学の受容という課題を管見しようと思う。

『数理精蘊』は、清聖祖（康熙帝）の勅命によって編纂されたものであるため、書名に「御製」の二文字が冠されており、正式な書名は『御製数理精蘊』（初版：雍正元年、1722）である。当時、中国に伝来した西洋の数学理論（幾何学、代数、三角函数、対数など）および清代の数学名家梅文鼎・梅瑴成父子の西算研究などが収録されている。

『数理精蘊』は、江戸時代の日本にも輸入された。近代以来の数学史研究は、江戸時代における『数理精蘊』の影響に触れてはいるが、なお以下の疑問を残している。

①『数理精蘊』の輸入時期

②『数理精蘊』の和訳本および和訳年

③『数理精蘊』と対数の輸入との関係

この三つの問題は、いずれも関連するものである。『数理精蘊』の最大の特徴は、対数表製法を収録していることである。『数理精蘊』以外の漢訳書に、対数表製法はない。そのため、江戸時代の対数書の典拠が究明されれば、『数理精蘊』の輸入時期もより明確になる。

本論は、天明・寛政期の日本最古の対数書から論述を始める。そして享和・寛政期の対数書の典拠および『数理精蘊』との関係を明らかにしようと思う。更に、『数理精蘊』の輸入時期およびその和訳年という問題を考察する。

本論は、文献学・書誌学的な研究手法をもちいて、書誌調査および文献解読にもとづいた研究をおこなう。

文献解読中、漢訳書および和訳書の中の数学用語も、筆者の視野に入った。当然、数学用語の範囲は広く、その数も多い。本論は、『数理精蘊』を中心に、近世日本と中国で使われた数学用語を整理し、その起源を文献学的に解明しようとする。

本論は、二つの部分により構成されている。

第一部論考編：対数書の典拠、『数理精蘊』の輸入時期および数学用語を考察する。

第二部写本の調査研究：日本最古の『数理精蘊』の和訳である写本および金武良哲『数理精蘊』写本と福田家の『数理精蘊』写本について、書誌学的調査研究を行う。

目　次

第一部　論考編

第二部　写本研究

第一部

論考編

第一部

[illegible]

第一章
和算家の対数受容

1800 年前後、西洋数学の対数知識は二つの経路を通して、日本に伝来した。一つは、中国の漢訳書による間接的な輸入。一つは、蘭書による直接的の輸入。代表的功績を残した学者とその著書には、安島直円『不朽算法』、本多利明『大測表』、会田安明『対数表起源』などがある。本章は、日本のはじめて対数を研究した安島直円の対数書を中心として、論述する。

第一節: 研究史

1.『明治前日本数学史』

第五巻第十三章「西洋数学の移入」の第 5 節「対数表」には、漢訳洋書経由の輸入について、以下の論述がある。

> 安島直円は対数表起源および真仮数表で対数の研究を著わしたが、その年紀は分からない。しかし、寛政 11 年（西紀 1799）に歿したのであるから、寛政年代の作ではないかと思われる。会田安明の対数表起源もまた年紀不明であるが、文化 4 年の伝書索引中に既

に記しているから、文化4年（西紀1807）以前に出来たものである。これらの対数の知識は、数理精蘊より得たものと思われるが、同書の対数表制作法には触れずに、独自にこれを作っている。数理精蘊を見たとしても、第38巻まで手に入ったか否かも分からない。❶

対数表が我邦に入った経路が二つある。一は数理精蘊（清の雍正元年、すなわち我が享保8年、西紀1723年）に拠るもので、一は本多利明が蘭書によって導入したものである。数理精蘊は清の康煕帝が西洋数学を編纂せしめたもので、我邦に入った正確な年代は明らかでない。しかし、同書にある対数、真数、仮数の語が安島直円の著に見える所を以てすれば、遅くも寛政頃には我邦に入ったものである。

篠原善冨は文政6年（西紀1823）に作対数表法を著し、数理精蘊巻38の国字解を与えた。安島直円は対数表起源および真仮数表を著し、独自の方法を以て対数表を作った。数理精蘊によって対数表を知ったとしても、巻38の作製法をも見ていたか否か不明である。❷

『数理精蘊』および対数の輸入について、『明治前日本数学史』は、以下の疑問を残した。

①『数理精蘊』の輸入年代。

②安島直円は、『数理精蘊』の対数製表法に触れたか。

③会田安明の『対数表起源』には、『数理精蘊』からの影響があるか。

蘭書による対数の受容について、『明治前日本数学史』は、以下のように記載している。

---

❶ 『明治前日本数学史』、第五巻、p451

❷ 『明治前日本数学史』、第四巻、p38

しかし対数表はもう一つの方向から我邦に入った。それは直接蘭書によるものである。

その最初は、本多利明が蘭書より翻訳した大測表5巻の内の対数表である。これは寛政11年（西紀1799）のことである。

巻1は八線表で1分ごとの7桁表である。

巻2は八線対数表で、これも1分ごとの7桁表。

巻3は加減代乗除表といひ、すなわち普通の対数表で、10010までの7桁表である。（巻頭に文化7年の利明の文章がある）上記の形式で72枚にわたる。

巻4はこれらの表の用法

巻5は七向表、東西表を収めている。❶

その大測表5巻は利明の弟子の坂部広胖校となっているから、胖校の算法寙指南録（文化12年刊）巻12に加減代乗除表用例並小表の一条を収め、これに300までの対数表をあげ、対数表或仮数表ともいふ、蘭名ロガリチムと云とあるなどは本多利明より得たものである。❷

本多利明『大測表』の成立年は1799年であり、安島直円の没年と同じになる。『不朽算法』は、日下誠が師である安島直円の遺稿を整理したものである。『不朽算法』の成立年は、寛政十二年の1800年である。ちょうど、1800年は対数受容の分かれ目になる。その前は探索期である。その後は、成熟期である。本論は、第一章と第二章で、詳しい考察を行う。

『不朽算法』の序文に、「寛政十一年己未五月　関流五伝　五瀬日下誠敬祖識」❸と書いている。

---

❶『明治前日本数学史』、第五巻、p451

❷『明治前日本数学史』、第五巻、p452

❸『不朽算法』上巻、序文

跋文に、「寛政十二年庚申年正月西磻長谷川寛撰」❶と書いている。寛政年間、対数はすでに日本に伝えられたが、その時期の対数は『数理精蘊』からの影響があるか。仮にあれば、影響がどの程度にあるか。その問題も本論の研究対象になる。

第五巻第十三章「西洋数学の移入」の第5節「対数表」には、「対数表」の最初刊行本及びその後の諸著書について、より詳しく整理した。

対数表の最古の刊行本は『算法捷径新製乗除対数表』(恵川景之弥五郎、安政4年、1857)、ピラール(Jam・Carel・Pilaar)の航海書を翻訳した書籍である。❷

安政以後、多種の「対数表」が現れた。その名称も様々になる。修飾語をはずして、主に「対数表」、「加減対数表」、「加減代乗除表」、「数率表」、(「数」は真数、「率」は仮数である)などの名称がある。

『明治前日本数学史』は、対数表と八線対数表を混同した。対数表と八線対数表とは、別々のものである。八線対数表は、つまり三角函数対数表であり、三角函数表と対数表とを併せたものである。

2. 三上義夫、平山諦補訂、遠藤利貞著『日本数学史』

『増修日本数学史』は、年代別で、論述を行う著作である。第三章「寛政」の、安島直円の条には、以下のような記述がある。

> その下巻には、普通対数の起源、角術、および久留義太の平方零約術を記載しぬその普通対数の解法たるや、実に直円の発明なり。

> 本邦従来、対数なし。西人弥氏の発明以来、年すでに久しきも、邦人これをしらず。況んやその理の由る所をや。普通対数の応用の

---

❶ 『不朽算法』下巻、跋文

❷ 『明治前日本数学史』、第五巻、p452

如きは、ただ支那書数理精蘊にて乗除開方等の用を知るのみ。(この書もまた得難し。見る者甚だ少し)その解法に至りては該書に記るさず。故にただその妙に歎じて、思考これに及ばざりしなり。❶

平山諦の注には、以下の叙述がある。

①弥氏は禰氏の誤りであろう。禰氏はすなわち、Napierである。

②中国に対数が伝来したのは順治二年(一六四五)穆尼閣「比例対数表」であるが、康煕年間(一六六二〜一七二二)に編集された「数理精蘊」に掲載され、これが享保年間にわが国に渡来したものと思うが、安島は対数なる言葉は使わない、はじめて対数と言う言葉を使ったのは、会田安明の「対数表起源」と石黒信由の「対数表製法」(文政十二年)である。またこのころ直接にオランダの航海書によって対数は輸入された。❷

『増修日本数学史』第九章「安政、万延、文久、元治、慶応」の竹村好博の条には、以下のような記述がある。

竹村好博、喜太平と称する。但州出石の士なり。本邦対数を伝うること既に久し。或はこれを蘭書に得、或はこれを支那書に得たり。その蘭書の如きは、ただこれを蔵するのみ。故にその基づく所のもの多くは、清国康煕帝の数理精蘊たり。算者みなその用をしらざるは無し。

然れども未だ嘗て、対数の理を解きたる者を公にせず。且つ数理精蘊もまた乗除および比例等の用法を述ぶるに過ぎず。これを以て、

❶『増修日本数学史』、p423
❷『増修日本数学史』、p423

さきに安島直円、研究して始めてその解法を明きからにしぬ。

不朽算法もまた僅かに、同門の高弟間に秘して、他人にこれを見るなし。該本は二巻にして対数はその下巻に在り。その下巻の成るや、上巻の成るや、上巻と同時に在らず、上巻すら世人これを見る者稀なり。況んや下巻おや。五観さきにこれを師誠に得て、秘蔵して人に示さず。これを以て、門人等その解法、且つ算理を五観に質す者多し。五観すなわち不朽算法下巻に記す所の配数（対数なり）の解法を写記し、首章の文詞を算式に換え、聊か附衍して以て門人竹村好博をして、これを記述せしめたり。❶

遠藤利貞の言うところによると、安島直円の「対数表」は、門人に秘蔵された。

3. 平山諦の論文「安島直円の対数」とその他の日本数学史論文

『科学史研究』1949年12期に掲載した平山諦の論文「安島直円の対数」に、現代数学式を以て、安島の「対数表」とその原理を詳しく研究した。❷

三上義夫の著作では、対数表の日本伝来問題は詳しく研究されなかった。

林鶴一の著作『日本の数学』の「安島の対数」では、安島の対数原理を数学式に転換した。

『東北数学雑誌』1922年第二十一巻、第一、二号に、掲載した林鶴一の論文「和算における対数」に、『数理精蘊』の伝来時間が享保六年であると書いている。❸

日本の享保六年（1721）、すなわち清の康熙六十年。しかし、『東華録』により、『数理精蘊』の成立年は、雍正元年（1723）である。清世宗（雍正

❶ 『増修日本数学史』、pp591 ー 592
❷ 平山諦、「安島直円の対数」、『科学史研究』1949年
❸ 林鶴一、「和算における対数」、『東北数学雑誌』1922年

帝）は、序文を書いた。❶李儼の論文「対数的発明和東来」（対数の発明および東伝）に、『数理精蘊』の成立年を詳しく考証した。❷李儼の論文は、「対数表」および『数理精蘊』の日本輸入時期について、以下の叙述がある。けれども、それは林鶴一の研究からの引用であると思う。

輸入日本当稍後於享保六年、其後又由荷蘭直接輸入。❸

（日本語訳：日本への輸入は、享保六年よりやや遅い時期であるべし、其の後又、和蘭由り直接に輸入した。）

李儼の論文「中算輸入日本的経過」（中算の日本輸入の経過）の「清代中算輸入日本」（清代中算の日本への輸入）という部分に、梅文鼎の『籌算』（1764年）などを論術したが、『数理精蘊』に触れなかった。「対数」について、「亦輸入日本」というように簡単に言及した。❹李儼が『数理精蘊』以外の書籍を詳しく検討したけれども、重要な算書である『数理精蘊』を故意的に回避した原因は、乾隆・嘉慶時期において、『数理精蘊』は日本に輸入したかどうかという問題について、李儼も疑ったのであると思う。

第二節：『数理精蘊』の対数理論

『明治前日本数学史』は、『数理精蘊』の「対数表」を簡単に紹介したが、対数表製法などに、詳しい研究を加えなかった。李儼は論文「対数的発明和東来」において、『数理精蘊』の対数表製法を現代数学式で研究したが、

❶ 『東華録』、雍正三
❷ 李儼、「対数的発明和東来」、『科学』1927年12巻第2期
❸ 李儼、「対数的発明和東来」、『科学』1927年12巻第2期
❹ 李儼、「中算輸入日本的経過」、『東方雑誌』1925年22巻第18期

各方法の根拠とした公式を示さなかった。また、誤りもある。李儼の計算は、『中算史論叢第三集』修訂版の第99～第120ページに載せている。❶

『数理精蘊』下編巻三十八「対数比例」の「明対数之綱之一」の文頭には、「凡仮数皆可随意而定」❷（凡そ仮数皆意に従いにして定められる）と述べている。つまり、『数理精蘊』の紹介した方法で、すべての対数値を求めることができる。

本節で、李儼の計算を参照しながら、その誤りを修正し、『数理精蘊』の対数表製法を考察する。

1.「明対数之目用中比例求仮数之法之一」

原文は、以下の通りである。

> 凡連比例率、以首率末率両真数相乗、開方即得中率之真数。以首率末率両仮数相加折半、即得中率之仮数。❸

これを現代数学式で書くと、以下のようになる。

連比例	=>	x：y＝y：z			
首率真数	=>	x	首率仮数	=>	a＝lgx
中率真数	=>	y	中率仮数	=>	b＝lgy
末率真数	=>	z	末率仮数	=>	c＝lgz

真数中率の計算方法：$y^2=xz$

仮数中率の計算方法：$2b=a+c$

以下の対数原理はその根拠である。

① $\lg(ab)=\lg a+\lg b$

② $\lg x^2=2\lg x$

❶『中算史論叢第三集』、中国科学院1955年初、pp99～120

❷『数理精蘊』下編巻三十八「対数比例」、「明対数之綱之一」

❸『数理精蘊』下編巻三十八「対数比例」、「明対数之目用中比例求仮数之法之一」

2.「明対数之目用中比例求仮数之法之二」

原文：

凡十百千万之仮数既定、而欲求其間零数之仮数、即以前後相近之両数、一為前率、一為末率、求得中率之真数、並求得中率の仮数、累次比例、使中率恰得所求之真数、其仮数即為所求之仮数。❶

この部分は、「用中比例求仮数之法之一」で求めた対数値より、他の数の対数を計算する方法である。

3.「明対数之目用逓次自乗法求仮数法之一」

原文：

凡連比例率之自小而大者、以第一率之真数逓次自乗、即得加倍各率之真数、以第一率之仮数逓次加倍、即得加倍各率之仮数、而以各率之仮数、按率除之、即得第一率之仮数。❷

この計算方法の関数を、李儼は以下のように書いた。（本論は、論述の便利のため、番号をつけた。）

① $\lg a^n = n\lg a = N$ ，故に、 ② $\lg a = N/n$

「N」について、李儼が『数理精蘊』の列挙法を引用して、以下のように書いた。

（以下は③）

$\log 2^1 = \log 2 = 0.3010299957$

$\log 2^2 = \log 4 = 0.6020599913 = 2 \times 0.3010299957$

$\log 2^4 = \log 16 = 1.2041199826 = 4 \times 0.3010299957$

……………………………………………………………………

❶ 『数理精蘊』下編巻三十八「対数比例」、「明対数之目、用中比例求仮数之法之二」
❷ 『数理精蘊』下編巻三十八「対数比例」、「明対数之目、用逓次自乗法求仮数法之一」

$\log 2^n$ =································ =n × 0.3010299957=N（この条は④）[1]

以上の李儼の計算式のうち、③は正しいであるが、①と②とは誤った。

正しい関数は、

$$\lg a = \frac{\lg a^{a^n}}{a^n}$$

である。

李儼式②の「n」を、本論は「a^n」と改正した。

④の中の「N」は、つまり求めようとした対数数値である。李儼は、『数理精蘊』のまま、列挙法で表示した。本論は、以下の数式を示す。

仮数 N：$\lg a^{a^n}$

N の真数：a^{a^n}

4.「明対数之目用遞次自乗法求仮数法之二」

原文：

凡連比例率、自小而大者、其仮数之首位、既因真数之位数而遞加、故求仮数者、以所求之真数、為連比例第一率、遞次自乘、即得加倍各率之真数、以第一率仮数之首位、遞次加倍、即得加倍各率之仮数、而真数自乘、又一位者、則仮数加倍後、又加一数、而以各率之仮数、按次除之、即得所求第一率之仮数。[2]

原文には、例がついた。李儼は、これを以下のようにまとめた。[3]

（本論には、番号をつけた）

率	真	仮 ⑦
1	2	0
2	4	0
4	16	1

❶ 李儼、「対数的発明和東来」、『科学』1927 年 12 巻第 2 期

❷ 『数理精蘊』下編巻三十八「対数比例」、「明対数之目、用遞次自乗法求仮数法之二」

❸ 李儼、「対数的発明和東来」、『科学』1927 年 12 巻第 2 期

续表

率	真	仮 ⑦
8	256	2
16	65536	4
32	4294967296	9
… …	………………	… …
16384 ①	………………	4932 ②
137446953472 ③	………………	41375653307 ④

log2 = 4932/16348 = 0.3010 ⑤

更なる正確の値を求めると、

log2 = 41375653307/137446953472 = 0.3010299959 ⑥

（以上、李儼の計算式である。）

本論は、以下の通りに補充する。

李式の⑤と⑥は、正確である。しかし、李表中「仮」は、誤った表示である。李表の「仮」列の数値は、本当の仮数ではなく、本当の仮数の整数部分であり、即ち真数の桁数（bit）である。つまり、『数理精蘊』原文中の「仮数之首位」というものである。よって、李表の「仮」の列の名称を「仮数之首位」或いは「真数の桁」と名付けるべきである。

「用逓次自乗法求仮数法之二」は、極限の思想に基づいた方法である。

仮に、仮数を「L」、仮数の整数部分を「I」、小数部分を「D」、「率」を「N」と設けらせば、対数の計算法は以下のようになる。

lim（I/L）＝（I＋D）/L ＝仮数／率＝真数の対数

$N \to +\infty$

換言すれば、「I」値が大きくなければ、大きいほど、求めた対数の数値も精確である。

5. 「明対数之目用逓次開方法求仮数法之一」､「之二」､「之三」､「之四」、「之五」、「之六」、「之七」

この部分の計算方法は、「明対数之目、用逓次自乗法求仮数法之一」および「之二」の原理と同じである。その区別は、「自乗法」のばあい、指数（Index）は正数であるに対し、「開方法」のばあい、指数は負数であるのみである。

原文と原理の説明を省略する。

この部分についての詳細な論述は、李儼の論文にすでにある。その計算も精確である。

6.「明対数之目、用前所得九十九数求他数法之一」、「之二」、「之三」

「明対数之目、用前所得九十九数求他数法之一」の原文は、以下の通りである。

> 凡求仮数、既得前九十九数、而他数有由此乗除而得者、則以仮数相加減、即得所求之仮数。❶

この部分について、李儼は、以下のように書いた。❷

$\lg a + \lg b = \lg(ab) \quad \lg a - \lg b = \lg(a/b)$

> 如前九十九数、首位既皆為単位、即以十乗之即為十、即以百乗之即為百、即以千乗之即為千、即以万乗之即為万、故以二之仮数與一十之仮数相加、即為二十之仮数……❸

この部分について、李儼の研究に、誤りがある。実は、この部分は以下の計算等式を説いている。

$\lg(10^n \times a)=n + \lg a$

❶『数理精蘊』下編巻三十八「対数比例」、「明対数之目、用前所得九十九数求他数法之一」
❷ 李儼、「対数的発明和東来」、『科学』1927年12巻第2期
❸『数理精蘊』下編巻三十八「対数比例」、「明対数之目、用前所得九十九数求他数法之一」

第三節:「対数表」と「八線対数表」との区別

近世東アジアの数学書のうち、「三角函数対数表」および「三角函数表」に関しては、様々な名称があった。

以下は、それらの名称である。

「八線対数表」、「三角割円八線対数表」、「三角対数表」、「八線仮数表」、「八線真数表」、「割円八線表」、「八線表」

これらは名称は、当時でも学者を混淆させた。現代の研究書にも、これらの概念を混淆したところも時々ある。

蘭書『航海宝函』京都本に、江戸時代の学者がそれらの概念を混淆した痕跡を残した。『航海宝函』に収録した三角函数対数表（*Tafel der logrithmen van de sinussen, tangenten en secanten*）の扉頁に、朱筆で「八線表」を書き込んだ。❶

現代の研究書『明治前日本数学史』にも、「八線対数表」を時々対数の章節に入れ、❷時々三角函数の章節に入れる。❸

本節において、それらの名称の指すものを明らかに説明しようと思う。

1.「割円八線表」、「八線表」、「八線真数表」

「割円八線表」と「八線表」とは、つまり現代の「三角函数表」である。本論第五章には、江戸時代の『火器発法伝』❹中の「八線図」を載せている。

---

❶ Klaas de Vries, *Schat-kamer ofte kunst der stuurlieden*, Amsterdam, 1781（『航海宝函』は江戸時代京都の蘭方医新宮涼庭所蔵本に書き入れられた書名）

❷『明治前日本数学史』、第五巻、pp.451 ― 455

❸『明治前日本数学史』、第五巻、p.459

❹『火器発法伝』は、志筑忠雄の訳書である。九州大学附属図書館の蔵書目録には『火器発法伝』が見えるが、所在は不明。江戸時代膳所藩の砲術家森鼎の著書『砲術明鑑原始編』巻之下に、「火器発法伝大意抄」がある。本論は、『砲術明鑑原始編』（写本、京都大学大学院人間・環境学研究科図書館蔵書）中の「火器発法伝大意抄」を用いた。

「八線真数表」は「八線仮数表」と相対するものである。「八線仮数表」は、「八線真数表」に、対数値を付けたものである。「八線真数表」は、変わらず三角函数表である。

2. 「三角対数表」、「八線対数表」、「三角割円八線対数表」、「八線仮数表」

志築忠雄『暦象新書』に「三角対数表」に関する記述がある。

> 三角算は、暦算全書にも詳なれども、予が伝る所は、奇児の三角算、尼通の直求正弦法、捻辟爾の五件、伝屋爾夫の三角対数表等あり、因て其事は此に略しぬ。❶

梅文鼎には，「割円八線表」と「八線対数表」とを収めている。『明治前日本数学史』には、『暦算全書』に関する研究がある。❷

「三角対数表」、「八線対数表」、「三角割円八線対数表」、「八線仮数表」などは、すべて三角函数対数表である。

本論は、『数理精蘊』表巻七の文を引用して、八線対数表を説明する。

> 八線対数表用法與真数同、旧表無正割余割二線、今用比例法、並為増補。如求正矢之仮数、即以半弧之正弦仮数倍之、内減半径の仮数、再與二之仮数相加、即得正矢の仮数。❸

この叙述を現代数学式で、以下のように表示できる。

$lgversin\alpha = lg2 + 2lgsin(\alpha/2) - lgr$

❶ 『暦象新書』下編巻之下、附録測量家算楕円、張本第四段、算法

❷ 『明治前日本数学史』、第五巻、pp456 ー 459

❸ 『数理精蘊』表巻七、「八線対数表」

証明: $lg2 + 2lgsin(\alpha/2) = lg2+2lg\sqrt{[(1-cos\alpha)/2]} = lg2+lg(1-cos\alpha)/2 = lg\{2 \times [(1-cos\alpha)/2]\} = lg(1-cos\alpha) = lgversin\alpha$

$lgversin\alpha = lgrversin\alpha - lgr = lg2 + 2lgsin(\alpha/2) - lgr$

$lgr \times versin\alpha =$ lg 正矢

（以上）

以上の計算は、正矢（正矢函数）を求めるの計算であるけれども、計算はすべて対数の定則に基づいたものである。

よって、いわゆる「八線対数表」は、すなわち対数表と三角函数表を併せたものである。

また、『数理精蘊』「八線対数表」のうちの余弦対数表を例として、表の実質を見よう。

余弦対数表は、実質的に以下の関数に基づいたものである。

$f(x)=10^{cosx}$

x が $0°$ の際、$cos0°=1$

故に

$f(0°)=10^{cos0°}=10^1=10$

『数理精蘊』の余弦対数表表を引いて見ると、余弦列の「0度0分0秒」の相対する数値は、果たして10.0000000000である。❶

第四節: 鶴山樵夫『数理精蘊補解』の書誌調査

鶴山樵夫『数理精蘊補解』は朝鮮算書である。書の中、著者は本名を記せず、鶴山樵夫と署名した。川原秀城『朝鮮数学史』(2010) によると、鶴山樵夫の本名は、徐浩修である。徐浩修（1736－1799）は、科甲出身、朝鮮正祖期の学者であり、奎章閣漢籍総目録である『奎章総目』を編纂

❶ 『数理精蘊』表巻七、「八線対数表」の余弦の部分

した人物である。中国に使節として、2度派遣された。初回は、1776年である。❶徐浩修は、安島直円（1732－1799）と同時代の人であり、対数研究の業績も相似である。

日本の国立天文台は、『数理精蘊補解』の刊本を収蔵している。

1. 国立天文台蔵『数理精蘊』関係書

筆者の調査により、国立天文台蔵書のうち、『数理精蘊』関係書は以下の5点がある。

01.『数理精滋補解』刊本　1冊　岡田蔵書印　番号1688

02.『数理精滋』（表のみ）刊本　3冊　番号1689　明時館図書印❷

03.『数理要解』写本　1冊　番号1690　岡田蔵書印マイクロ番号1007

04.『対数表』写本　2冊　番号1734　（8桁）マイクロ番号1001

05.『八線対数表』（表のみ）刊本　3冊　番号1736　（中国本）数理精滋の対数八線表

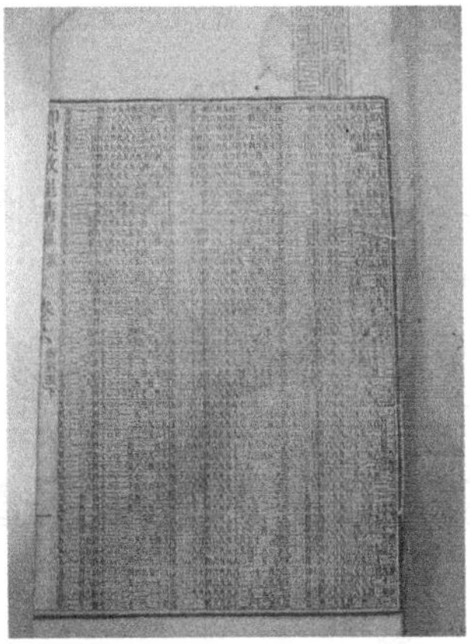

（上は、02番の明時館図書印。下は、05番の大学南校印。）

---

❶ 川原秀城、『朝鮮数学史』、東京大学出版会、2010年10月、pp200～202

❷ 幕府天文方渋川家の蔵書印

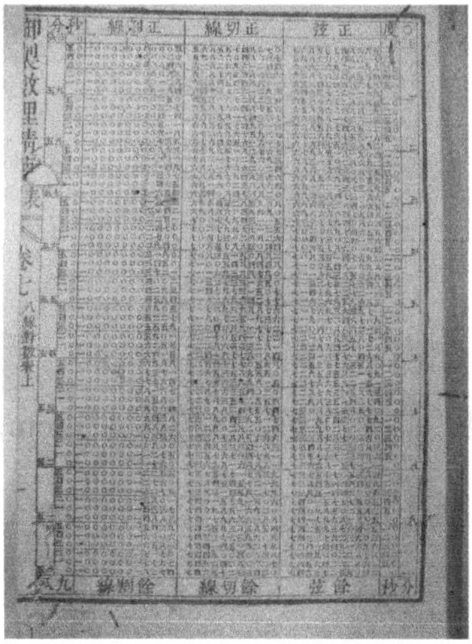

国立天文台以外、東北大学付属図書館にも『数理精蘊補解』の写本（1 点）が収蔵されている。これは 1925 年の写本である。❶

2. 韓国ソウル大学校奎章閣韓国学研究院蔵朝鮮時代奎章閣西庫および閲古館の『数理精蘊補解』及び対数表関係書

ソウル大学奎章閣韓国学研究院のホームページ（http://e-kyujanggak.snu.ac.kr）に、奎章閣の歴史を紹介している。奎章閣は、朝鮮時代の内閣であり、朝鮮粛宗二十年（1694 年）王命を奉じ、設立され、朝鮮内閣の一つである。朝鮮国王の「親筆」、「書畫」、「顧命」、「遺教」、「璿譜」（王世譜）、「寶鑑」等を収めている。その西庫に朝鮮書籍を、閲古館に中国書籍を収蔵する。

蔵書の一部分は現在ソウル大学奎章閣韓国学研究院に引き受けられている。

以下、奎章閣韓国学研究院蔵『数理精蘊補解』及び対数に関する書籍を上記ホームページによって列挙する。

---

❶ 東北大学附属図書館蔵写本『数理精蘊補解』の末尾に、1925 年という書写年を記している。

01. 割圓八線表

番号：奎中 2063，奎中 2064，奎中 2065，奎中 2066 （計 4 点）

著者：羅雅谷（明）；鄧玉函（明）；湯若望（明）同撰； 觀象監（朝鮮）編

版本：韓構字 1 冊（100 張）

出版年：17 世紀 末 -18 世紀 初（肅宗 年間：1674-1720）

サイズ：31.8 × 19.6cm 四周雙邊，半葉匡郭：23.4 × 13.3cm，10 行 22 字 注雙行上下花紋魚尾

蔵書印：帝室圖書之章

02. 御製數理精蘊

番号：奎中 2727

版本：木版本 38 冊（零本）

出版年：17 世紀 後半 -18 世紀 初（康熙 年間：1662-1722）

蔵書印：圖學部圖書，編輯局保管

03. 御製數理精蘊

番号：奎中 3231-v.1-45

版本：木版本 8 卷 45 冊

出版年：17 世紀 初 -20 世紀 初（清 版本：1616-1911） [刊者未詳]

サイズ：26.7 × 17cm

表紙書名：數理精蘊

蔵書印：集玉齋，帝室圖書之章

04. 御製數理精蘊

番号：奎中 2777-v.1-40

版本：木版本 8 卷 40 冊，表

出版年：光緒 8 年（1882）

サイズ：27 × 18.6cm

跋：光緒 8 年（1882）

藏書印：集玉齋，帝室圖書之章

05. 御製數理精蘊表

番号：奎中 3037-v.1-8

版本：木版本 8 卷 8 冊

出版年：17 世紀 初 -20 世紀 初（清 版本：1616-1911）

サイズ：26.4 × 17.3cm

表紙書名：數理整蘊

藏書印：帝室圖書之章

06. 對數表說

番号：奎中 3129

著者：賈步緯（淸）撰

版本：木版本 1 冊（54 張）

出版年：17 世紀 初 -20 世紀 初（淸 版本：1616-1911）

サイズ：25.4 × 16.2cm

07. 弦切對數表

番号：奎中 3359，奎中 4648

著者：賈步緯（淸）校述

版本：古活字本 1 冊（135 張）

出版年：17 世紀 初 -20 世紀 初（淸 版本：1616-1911）

サイズ：25.9 × 16.3cm

表紙書名：算學弦切對數表

藏書印：帝室圖書之章（奎中 3359），集玉齋，帝室圖書之章（奎中 4648）

08. 御製數理精蘊

番号：奎中 3391-v.1-42

版本：木版本 40 卷 42 冊

出版年：17 世紀 初 -20 世紀 初（淸 版本：1616-1911）

サイズ：25 × 16.2cm

表紙書名：數理精蘊

蔵書印：擒文院，帝室圖書之章

09. 御製數理精蘊

番号：奎中 3507，奎中 3507

構成：2 冊（零本），表

サイズ：28.2 × 17cm　四周雙邊，半葉匡郭：20.3 × 14.2cm，有界，9 行 20 字　上白魚尾

表紙書名：八線表

卷頭書名：八線對數表說 御製數理精蘊表 卷 7-8（2 冊）

蔵書印：帝室圖書之章，擒文院

10. 對數表

番号：奎中 4389-v.1-3，奎中 4536-v.1-4

著者：賈步緯（清）校述

版本：古活字本 4 卷 4 冊

出版年：17 世紀 初 -20 世紀 初（淸 版本：1616-1911）

サイズ：26 × 16.2cm

表紙書名：算學對數表

蔵書印：集玉齋，帝室圖書之章（奎中 4389-v.1-3），帝室圖書之章（奎中 4536-v.1-4）＜奎中 4389-v.1-3 ＞은 3 卷 3 冊

11. 八線對數簡表

番号：奎中 5367

版本：木版本 1 冊（90 張）

出版年：17 世紀 初 -20 世紀 初（淸 版本：1616-1911）

サイズ：25.6 × 16.6cm

卷首：八線對數說

蔵書印：集玉齋，帝室圖書之章

12. 八線簡表

番号：奎中 5368

版本：古活字本 1 冊（90 張）24.8 × 15.6cm

表紙書名：算學

卷首：八線圖解

藏書印：帝室圖書之章

13. 数理精補解

番号：古 7090-5

著者：鶴山樵夫（朝鮮）撰

版本：木版本 1 冊（42 張），圖 正祖 11 年（1787）30 × 18.5cm 四周雙邊，半葉匡

郭：20 × 14.4cm，有界，9 行 20 字 上白魚尾 30 × 18.5cm

序：時憲曆元甲子後一百三年（1787）… 鶴山樵夫

藏書印：密陽孫氏，道敏齋

14. 御製數理精瘟

番号：古 510.2-Eo42-v.1-7

版本：筆寫本 7 冊（零本），圖 28.9 × 17.4cm 四周雙邊，半葉匡郭：19.9 × 13.6cm，有界，9 行 20 字　上白魚尾　1 冊：卷 4：對數闡微 下，2 冊：卷 6：線部四 和數比例，較數比例，3 冊：卷 8：線部六 盈朒，4 冊：線部七 借衰互徵，疊借互徵，5 冊：卷 10：線部八 方程，6 冊：卷 12：面部二 句股，7 冊：卷 27：體部五 各等面體

藏書印：玉溪，閔鎬印

そのうち、『数理精蘊』の零本は多く。出版年が不詳のものが多い。13 番の『数理精蘊補解』は国立天文台所蔵本とは同じものであると思う。

3. 『数理精蘊補解』の書誌情報

本論の分析底本には、国立天文台所蔵本をもちいた。

『数理精蘊補解』序文の文末に、「時憲暦元甲子後一百三年鶴山樵夫書」と書いている。❶

序文には、『数理精蘊』について、以下の書評がある。

> 数理精蘊四十五篇、商羅線面之全、而尽度量衡之用、自九章、八線以至対数比例、比例規、非徒言其法、必明其所以然、之故、絶無子雲之奇僻、堯夫之鋪叙、而見者易知、聞者易能、此正実用之書。❷

文中の「数理精蘊四十五篇」は、表八巻を除いた『数理精蘊』上編と下編である。文中の子雲は、前漢思想家揚雄（字子雲）であり、堯夫は北宋思想家邵雍（字堯夫）である。

『数理精蘊補解』には、以下の内容がある。

> 線部之互乗齊方
>
> 体部之堆垛半形
>
> 末部之借根方、比例、加減乗除解
>
> 面類中又有一題之偶失照検者❸

出版年の「時憲暦元甲子後一百三年」は、西紀1787年、または1727年との可能性もある。

清の順治二年（1645年）、「時憲暦」が施行された。1645年は乙酉年であり、暦元の「甲子年」にならない。その前の甲子年は、明の天啓四年甲子（1624年）である。だから、1727年の可能性がある。

しかし、『御製暦象考成』には、康熙二十三年甲子（1684年）を時憲

---

❶ 『数理精蘊補解』序文の文末

❷ 『数理精蘊補解』序文

❸ 『数理精蘊補解』原書には、章節のタイトルがない。ここに挙げられたタイトルは、原書の語句をもちいて、筆者がつけたものである。

暦元とした。[1]1684年から推算すると、「時憲暦元甲子後一百三年」は1787年である。徐浩修の生卒年から見れば、『数理精蘊補解』の出版年は1787年である。

著者徐浩修（号：鶴山樵夫）が明確な紀年を記しない原因は、当時の朝鮮には、清を夷狄に視する思想があったのである。『数理精蘊補解』のような紀年方法は、少なくない。例えば、「有明朝鮮両王子記蹟碑」には、「崇禎紀元後五乙丑」というように記している。[2]

第五節: 安島直円『不朽算法』と『数理精蘊補解』の比較

安島直円（あじま・なおのぶ、1732－1799）の最初の対数書は『真仮数表』（天明4年、1784成）である。徐浩修（1736－1799）の『数理精蘊補解』(1787)にも対数の内容がある。『真仮数表』は日本最古の対数書（本論第三章）であるのと同じく、『朝鮮数学史』（川原秀城、2010）で検討されている『数理精蘊補解』も朝鮮最古の対数を論じた書籍である。安島直円と徐浩修は全く同時代の人であり、対数の研究においての業績もほぼ同じ時期である。二人の対数数値を求める思想も類似であるため、本論では『不朽算法』と『数理精蘊補解』とを比較して、安島直円の対数研究を考察する。

1. 安島直円の計算法と徐浩修の計算法との比較

安島直円の対数研究書は、『真仮数表』と『不朽算法』がある。対数値の計算方法において、両書は同じである。内容が多いため、本論の考察には『不朽算法』をもちいた。

❶『御製暦象考成』巻一、文頭、文淵閣四庫全書本

❷ 松田清、益満まを、『金沢大学所蔵近代教育掛図目録』、京都大学大学院人間・環境学研究科、2008、p63

安島直円は、対数表製法を探るため、対数値を求める方法を研究した。安島の対数計算法は、仮数から、真数を求める方法である。『明治前日本数学史』に、より詳しい論述がある。❶

徐浩修は、「仮数尺」の応用方法を研究した。その方法も、仮数から、真数を求める方法である。二人の思想は同じである。以下で、二人の思想を比較する。

『不朽算法』中、以下のような論述がある。

> 術曰、真数一者配数空、真数一十者、一分者、各配数一。真数一百者、一厘者、各配数二。真数一千者、一毛者、各配数三。如此真数上下毎進一位、配数増一。依此比例得所求配数。❷

これを現代数学式で、転写すれば、以下のようになる。

「真数一者配数空」 ⇒ $\lg 1 = 0$

「真数一十者、一分者、各配数一」 ⇒ $\lg 10^{\mp 1} = 1$

「真数一百者、一厘者、各配数二」 ⇒ $\lg 10^{\mp 2} = 2$

「真数一千者、一毛者、各配数三」 ⇒ $\lg 10^{\mp 3} = 3$

「如此真数上下毎進一位、配数増一」 ⇒ $\lg 10^{\mp N \mp 1} = |\mp N \mp 1|$

以下の関数のように、まとめられる。

$$f(x)=\begin{cases}\lg 10^{x}(x \geq 0)\\ -\lg 10^{x}(x \leq 0)\end{cases}$$

『不朽算法』原文の「如此真数上下毎進一位、配数増一」の「位」は、つまり関数式中の x である。「真数」は 10^x である。仮数は、$f(x)$ である。

実は、上の関数は、対数の基本的な定則である。『数理精蘊』にもこの定則を紹介した。けれども、常用対数の底数は 10 である。よって、

---

❶ 『明治前日本数学史』巻 4、pp222-227

❷ 『不朽算法』下巻

$\lg 10 = 1$

$\lg 10^{\frac{1}{10}} = 0.1$

$\lg 10^{\frac{1}{10^2}} = 0.01$

仮数逐次相減して、仮数 0.1 ー 0.9 の真数が求められる。また逐次相減して、仮数 0.01 ー 0.09 の真数が求められる。

つまり、常用対数の底数が 10 の特殊性を利用して、一種の仮数から真数を求める方法を、安島直円が得た。

『数理精蘊補解』も同様な思想である。

『数理精瀘補解』には、以下のような論述がある。

> 分厘尺一百分之度為真数一至十之仮数尺、分厘尺二百分之度為真数一至一百之仮数尺。是分厘一尺為真数一十之仮数、分厘二尺為真数一百之仮数。即表内一十所対仮数為一。一百所対仮数為二之理。故以仮数尺之一百分与一百分相加、即為分厘四尺、得真数一万。以仮数尺之一十分与一百分相加、即為分厘三尺、得真数一千。凡尺上之度、分規比例之多少、或用厘豪為十百、或用十百為単零。惟加減首位而進退爾。❶

これを現代数学式で、転換写すると、以下のようになる。

「分厘尺一百分之度為真数一至十之仮数尺」⇒ $\lg 10^0 = 0$

$\lg 10^{-1} = |-1| = \lg 10$

「分厘尺二百分之度為真数一至一百之仮数尺」⇒ $\lg 10^0 = 0$

$2|\lg 10^{-1}| = |-2| = \lg 10^2$

「是分厘一尺為真数一十之仮数」 ⇒ $\lg 10^{+1} = 1$

「分厘二尺為真数一百之仮数」 ⇒ $\lg 10^{+2} = 2$

「惟加減首位而進退爾」 ⇒ $\lg 10^{\mp N \mp M} = |\mp N \mp M|$

❶ 『数理精瀘補解』「仮数尺」

以下の関数のように、まとめられる。

$$f(x)=\begin{cases}\lg 10^x (x\geq 0)\\ -\lg 10^x (x\leq 0)\end{cases}$$

「惟加減首位而進退爾」というのは、仮数 $f(x)$ を加減するのである。「進退」というのは、は真数 10^x の x が進退するのである。

「故以仮数尺之一百分与一百分相加、即為分厘四尺、得真数一万。以仮数尺之一十分与一百分相加、即為分厘三尺、得真数一千。」

⇒　$g(a\cdot b)=\lg a+\lg b$ という対数定則の例である。

「故以仮数尺之一百分与一百分相加、即為分厘四尺、得真数一万。」

⇒　上の関数をもちいる計算である。$g^{-1}(a+b)=g^{-1}(f(a))\cdot g^{-1}(f(b))$

$g^{-1}(10^{-2}+10^{-2})=g^{-1}(-\lg 10^{-2})\,g^{-1}(-\lg 10^{-2})=10^2\cdot 10^2=10^4$

「以仮数尺之一十分与一百分相加、即為分厘三尺、得真数一千。」

⇒ $g^{-1}(10^{-1}+10^{-2})=g^{-1}(-\lg 10^{-1})\cdot g^{-1}(-\lg 10^{-2})=10^1\cdot 10^2=10^3$

『数理精蘊補解』にも、常用対数の定数が 10 であるという特徴を利用して、0.1 ー 0.9、0.01 ー 0.09 を目盛りとして、一種の仮数尺を作った。また、この仮数尺を利用して、真数を求める。

安島直円『不朽算法』の対数思想は徐浩修『数理精蘊補解』とは同じである。

2. 安島直円は「対数」を使用せず、「配数」と名付いた原因

安島直円が対数表製法を求める際、『数理精蘊』の内容はまだ日本の学者にあまり知られない。この問題は、第三章で、詳しく考察する。

本節は、先ず「配数」という名称について考察する。

もう一度、『不朽算法』の原文を見て、その文法を分析する。

術曰、真数一者配数空、真数一十者、一分者、各配数一。真数一百者、一厘者、各配数二。真数一千者、一毛者、各配数三。如此真数上下毎進一位、配数増一。依此比例得所求配数。

「真数一者配数空」は、和訳すると「真数が一というもの、配数は空である」になる。しかし、原漢文に「である」に対応する語はない。つまり、「配数空」という文に、動詞はない。だが、「配」という字は、動詞である。もし、「配数」という表現は、名詞であれば、この文には、動詞が欠けている。もし、「配」が動詞として、使われたとすれば、この文は、文法的に問題がない。よって、「真数一者配数空」という文の意味は、「真数一という者に、空という数字を配る」になるべきである。

また、『不朽算法』に、「仮数」も使われている。安島直円の最初の対数表の書名も『真仮数表』である。「仮数」は、つまり現代の対数である。安島は「仮数」を名詞として使ったうえ、わざともう一つの用語を作ったわけがない。

第六節：延岡藩『数理精蘊解』「対数比例」の研究

広く知られている篠原善富『作対数表法』(1823) は、日本最古の対数表製法の書籍ではない。現在、見つけられる最古の対数表製法の書籍は、延岡藩内藤家の『数理精蘊解』(1815、写本) である。

本節で、「対数比例」を考察する。本論第六章で、『数理精蘊解』の他の部分を考察する。

1.『数理精蘊』原文と異同

『数理精蘊解』の「対数比例」は、『数理精蘊』巻38「対数比例」の和訳である。『数理精蘊』の「対数比例」をほぼそのまま完全に翻訳した。だが、『数理精蘊』と異なるところもある。

① 用語

『数理精蘊解』の用語は、ほとんど『数理精蘊』に一致したであるが、時々異なる言葉を使用したこともある。

たとえば、「明対数之原」に、以下の訳文がある。

> 真数逓加テ、連比例ヲナス者、一率四率相乗、二率三率相乗ニ同ジ。故ニ今借数ヲ設テ、乗除代ルナリ。一率ノ借数以テ、四率ノ借数ト加ヘ、二率ノ借数ヲ減シテ、三率ノ借数トス。減スル者ハ、除クナリ。加ル者ハ乗スルナリ。折半スル者ハ、開平方ニナリ。三除スル者ハ開立方ナリ。四除スル者ハ三乗方ナリ。又倍スル者、自乗ナリ。三倍ハ再自乗ナリ。四倍ハ三乗方ナリ。❶

『数理精蘊』には「仮数」を使っているのに対し、『数理精蘊解』はここで、「借数」という語を使用した。「借」という字は「仮」の意味とは同じであるためである。だが、『数理精蘊解』の「対数比例」全文のうち、「借数」を使ったのは、ここ一カ所だけである。

② 略字

他の和算写本と同じく、『数理精蘊解』にも、略字が多く使われた。たとえば、「対数比例」の文頭の説明に、以下のような叙述がある。

> 追テ位ヲ進ト云ドモ、寄令ナシ。一ハ数ノ初メ、以テ乗除シテ、数変ス。故ニ仮数一ヲ零トシ、十ヲ一トシ、百ヲ二トシ、千ヲ三トシ、十万ヲ五トス。逓皆位ヲ進ムコトニ、一ヲ加フ。此大綱ナリ。其間ノ零数、中比例ヲ用テ、首末相乗開方。中率ノ真数ヲ得。又首末両仮数相加、折半シテ、中率ノ仮数トス。累次求之得ル。又法真数逓テ、相乗シテ其ノ乗ノ位数一率ノ仮数トス。此二方ハ理明カナリ云ドモ、労多シ。❷

文中の「寄令」は、「奇零」という字の略字である。奇零は、零細、零余、わずかなあまりの意。『数理精蘊』四庫本は、「而逓進一位、取其整斉無奇零也」である。❸

---

❶ 『数理精蘊解』「対数比例」の「明対数之原」

❷ 『数理精蘊解』「対数比例」の「対数比例」

❸ 『数理精蘊』（四庫本）「対数比例」

また、和算書によく使われる「巾」という字を、全書で使用した。以下の引用は、その一例である。

> 凡真数三倍柔数ヲ以、相連比例三率トスル者、首率末率相乗、中率巾ヲ得ル。今首借数ヲ以テ、末借数ト相加ヘ、折半シテ、中率ノ借数ヲ得ル。❶

「巾」は、つまり『数理精蘊』中の「冪」である。数学式中、ルートの記号の下にある数である。「平方数」或いは「自乗数」とも言う。

③ 書写の誤り

『数理精蘊解』「対数比例」（計 11 冊中の第 8 冊）の最後のページに、文化十三丙子年五月を記した。❷その前の冊にも、文化十三丙子年春三月廿四日❸、文化十三丙子年夏四月❹などを書いたから見えれば、『数理精蘊解』が訳者の稿本であると思う。よって、書写のミスもある。

「用中比例求仮数法」の「第二」に、以下のミスがある。

> 次数多則者其数彌密也。❺

上文の中に、明らかなミスがあった。この文は、「次数多者、則其数彌密也」であるべし。また、「逓次開方求仮数法」という部分のタイトルを「逓次開法求仮数法」❻と誤った。この部分に、数字を書き間違った。訳者自

---

❶ 『数理精蘊解』「対数比例」の「明対数之原」
❷ 『数理精蘊解』「対数比例」、末頁
❸ 『数理精蘊解』「上編巻五解」、末頁
❹ 『数理精蘊解』「上編巻十九、廿、廿一、廿二解」、末頁
『数理精蘊解』「上編巻廿四、廿五解」、末頁
❺ 『数理精蘊解』「対数比例」の「用中比例求仮数法」の「第二」
❻ 『数理精蘊解』「対数比例」の「逓次開方求仮数法」のタイトル

身は、この部分の意味がわかるけれども、数字の間違いがあれば、閲読者にとって、困難になる。この点も『数理精蘊解』が訳者の稿本である証拠になる。以下のようなミスである。

是二、二ノ再乗巾八倍ヲ乗シテ、第一率二百五十ノ仮数トス。此理ヲ以テ、今一率ニ求ル処ノ数ヲ設ケ、其仮数ヲ求ムルニ、又此法ヲ用ユ。❶

本論の筆者は、この部分を読む際、「第一率二百五十」をもちいて計算した結果、違う数値を得た。『数位精蘊』の原文には、「第一率二百五十六」である❷。

また、同様なミスがある。

子次位以下、半之、比寅漸近シトス。二四一九二〇一三四四余ナリ。❸

ここの「寅」は、誤った。『数理精蘊』の原文は、「丑」である。❹

「得九十九数求他之仮数法」の「第二」に、数字の誤りもある。以下のようである。

二万〇七百〇三ノ如キ、一〇三ノ因一〇〇因二万トス。」故此三仮数相加テ、四三一六〇三三二八二一三ヲ得ル。元根ノ仮数トス。又仮数有テ、真数求ル者、仮数ノ内引ルベキ数ヲ前表ノ内ニテ按シテ、其仮ヲ以テ減シ、恰尽トキハ、其真数ヲ集メテ、元真数トスルナリ。❺

ここの「一〇三ノ因一〇〇因二万」の「一〇〇」は誤った。正確の数値は、「一〇〇五」である。❻また、『数理精蘊解』も『数理精蘊』も、「一〇三」、

---

❶ 『数理精蘊解』「対数比例」の「逓次開方求仮数法」「第二」
❷ 『数理精蘊』(四庫本)「対数比例」の「逓次開方求仮数法之二」
❸ 『数理精蘊解』「対数比例」の「逓次開方求仮数法」「第六」
❹ 『数理精蘊』(四庫本)「対数比例」の「逓次開方求仮数法之六」
❺ 『数理精蘊解』「対数比例」の「得九十九数求他之仮数法」「第二」
❻ 『数理精蘊』(四庫本)「対数比例」の「明対数之目用前所得九十九数求他数法之二」

「一〇〇五」を書いたけれども、この数字は103と1005ではなく、1.03と1.005である。ここの計算は、現代数学式で、以下のようになる。

lg20703 = lg1.03 × lg1.005 × lg20000

④ 省略

『数理精蘊解』には、『数理精蘊』原文の内容を省略したところが少なくない。特に、例題は多く省かれた。そのうち、直接に対数を論じる部分ではないが、より重要的な内容が省略された。「対数用法」の「第六」は、正切定理の応用の説明である。『数理精蘊解』には、以下のように、簡単に述べた。

第六

三斜形大斜アリ、小斜アリ、中斜ニ対スル角アリ、求中斜是題切線分外角ノ法ヲ用テ、式ヲ得後。前法ヲ用ユ也。❶

『数理精蘊』原書の内容は、全く省略された。「前法ヲ用ユ也」は、対数の応用において、「第五」の方法とは同じであるが、「第六」に、また正切定理がある。

『数理精蘊』の原文は、以下の通りである。

設如甲乙丙三角形。甲角五十度、甲乙辺十六丈。甲丙辺十二丈。問丙角乙角及乙丙辺角若干。

法以甲乙辺十六丈、與甲丙辺十二丈相加、得二十八丈為辺総。甲乙辺與甲丙辺相減。與四丈為較。甲角五十度與一百八十度相減余百三十度。折半得六十五度為半外角、乃以辺較四丈（作四〇〇〇）の仮数三六〇二〇五九九九一三與半外角六十五度之正切仮数一〇三三一三二七四五二二相加。得一三九三三三八七四四三五内減

❶ 『数理精蘊解』「対数比例」の「対数用法」「第六」

辺総二十八丈（作二八〇〇〇）之仮数四四四七一五八〇三一三余九四八六二二九四一二二為半較角正切之仮数、查正切仮数相近所対之真数得十七度二分、為半較角。與半外角相加得八十二度二分、為対甲乙大辺の丙角。與半外角六十五度相減。余四十七度五十八分為対甲丙小辺之乙角也。

これを現代数学式で書くとすれば、以下のようになる。

$$\frac{b-c}{b+c}=\frac{\tan\frac{B-C}{2}}{\tan\frac{B+C}{2}}$$ （正切定理）

甲角、乙角、丙角をそれぞれ A、B、C で表記し、乙丙、甲乙、甲丙をそれぞれ a、b、c で表記するとすれば、本題の解法は、以下のようになる。

$$\because \pi-A=B+C$$

$$\therefore \frac{\pi-A}{2}=\frac{B+C}{2}$$

$$\Rightarrow$$

$$\frac{b-c}{b+c}=\frac{\tan\frac{B-C}{2}}{\tan\frac{\pi-A}{2}}$$

$$\therefore \lg\left(\frac{b-c}{b+c}\right)=\lg\left(\frac{\tan\frac{B-C}{2}}{\tan\frac{\pi-A}{2}}\right)$$

$$\Rightarrow$$

$$\lg(b-c)+\lg\left(\tan\frac{\pi-A}{2}\right)-\lg(b+c)$$

$$=\lg\left(\tan\frac{B-C}{2}\right)$$

八線対数表の正切対数を調べて、$\frac{B-C}{2}$を知る。そして、以下のように、B と C を求める。

$$\frac{B-C}{2}+\frac{\pi-A}{2}=\frac{B-C}{2}+\frac{B+C}{2}$$
$$=B$$
$$\frac{\pi-A}{2}-\frac{B-C}{2}=\frac{B+C}{2}-\frac{B-C}{2}$$
$$=C$$

2. 『数理精蘊解』「用中比例求仮数法」の「第二」中の和算式の分析

数学計算について、『数理精蘊解』には、ほとんど和算式をもちいた。本節は、これらの和算式を現代数学式で説明する。

「用中比例求仮数法」の「第二」には、より複雑な計算がある。以下に、現代数学式をもちい、『数理精蘊解』の原文および和算式（29 ～ 31 ページの写真）を説明する。

原文：

既二十百千万ノ仮数定テ、其間ニヨリ九迠ノ仮数ヲ求ルモノハ、皆首率末率中率巾トス。平方ニ開キ、中率ノ真数トス。其首率、末率ノ仮数相合セテ、折半シテ、中率ノ仮数トス。其真数ハ中率九ヲ得ルヲ以テ、算ヲ止メ、其三率ノ仮数ヲ以テ、真数九ニ近キノ仮数、則表数トスルナリ。故ニ今九ヲシルニ、一ト十トノ間ニアリ、故ニ一ヲ首率トシ、十ヲ末率トス。首末相乗、方ニ開テ、一次中率トス。九ニ比シテ弱。末率ヲ乗シ、方ニ開キ、二次中率トス。九ニ比シテ弱シ。末率ヲ乗シ、方ニ開キ、三次中率トス。九ニ比シテ、弱シ。末率ヲ乗シ、方ニ開キ四次中率トス。九ニ比シテ弱シ。末率ヲ乗シ、方ニ開キ、五次中率トナス。九ニ比シテ、強。故ニ知ル。求ル数五次中率ト四次中率トノ間ニアリ。故ニ四次中率ヲ以テ、首率トシ、五次中率ヲ以テ、二仮ノ末率トシ。首ニ末相乗、方ニ開テ、六次中率トシ。九ニ比シテ、弱シ。二仮末率ヲ乗シ、方ニ開テ、七次中率トス。九ニ比シテ、強シ。故ニ知ル。求ル数六、七次中率ノ間ニアリ。故ニ六次中率ヲ首率トシ、七次中率ヲ三仮末率トス。六次中率ヲ乗シ、方ニ開テ、八次中率ヲ得ル。九二比シテ強シ。三仮末率ヲ乗シ、十次中率トス。九二比シテ、弱シ。故二知ル。求ル数九次、十次ノ間ニアリ。故二九次中率ヲ四仮末率トス。十次中率首率トス。四仮末率ヲ乗シ、方開テ、十一次中率トス。九二比シテ、強シ。五仮末率トス。十次中率ヲ置キ、五仮末率ヲ乗シ、方二開テ、十二次中率トス。九二比シテ、強シ。六仮末率トス。十次中率ヲ置キ。六仮末率ヲ乗シ、方二開テ、十三次中率ヲ得ル。九二比シテ、弱シ。六仮末率ヲ乗シ、方二開テ、十四次中率ヲ得ル。九二比シテ、強シ。七仮末率トス。十三次中率ヲ置キ。七仮末率ヲ乗シ、方二開テ、十五次中率ヲ得ル。九二比シテ、強シ。八仮末率トス。十三次中率ヲ置キ。八仮末率ヲ乗シ、方二開テ、十六次中率ヲ得ル。九二比シテ、弱シ。追而如斯。九二比シテ、弱ヲ得ルモノ、首率トシ、強ヲ得ルモノ、末率トシ。二十六次中率二至テ、九二比シテ、合スルコト、八位猶強シトス。若シ、是ヲ精ウセント欲バ、二十五次中率ヲ以テ、首率トシ、二十六次中率ヲ以テ、末率トシテ、追テ是ヲ求ムベシ。又仮数八、一ノ仮数空。十ノ仮数百億（名甲）相加エ折半一次中率トス。甲ヲ加エ折半二次中率トス。甲ヲ加エ折半三次中率トス。甲ヲ加エ四次中率トス。甲ヲ加エ折半二仮末率ノ仮数トス。（名乙）四次中率仮数ヲ置キ、乙ヲ加エ半之、六次中率トス。乙ヲ加エ折半シテ、七次中率トス。三仮末率トス（名丙）。六次中率ヲ置キ、丙ヲ加エ半之、八次中率トス。丙ヲ加エ折半、九次中率トス。四加末率トス（名丁）。丙ヲ加エ半之、十次中率トス。丁ヲ加エ半之、十一次中率トス。五仮末率トス（名戊）。十次中率ヲ置キ、戊ヲ加エ半之、十二次中率トス。六仮末率トス（名己）。十次中率ヲ置キ、己ヲ加エ半之、十三次中率トス。己ヲ加エ半之、十四次中率トス。七仮末率トス（名庚）。十三次中率ヲ置キ、庚ヲ加エ半之、十五次中率トス。八仮末率トス（名辛）。十三次中率ヲ置キ、辛ヲ加エ半之十六次中率ヲ得ル。追次如是。真数弱ヲ得ルモノハ、其次中率ノ仮数首率トス。末率如之。若真数強ヲ得ルモノハ、其次中率ノ仮数末率トス。首率如之。第二十六次ノ中率ニ至テ、其仮数ヲ以テ、九ノ仮数トスルナリ。然共開方ノ次数多ク、容易カラズ。故ニ九ニ視キノ弱数強数ヲ求メテ、速ニ九ノ仮数ヲ求ント欲スル法ハ右ノゴトシ。

置一千万兆、四次平方平方開之名甲。乗一十平方開之、比九為強、名乙。置甲乗乙、平方開之、比九弱、名丙。乗乙平方開之、名丁。（又置乙、四自之、二次平方開之、為丁。又同。）比九強、乗丙平方開之、名戊。比九強、乗丙平方開之、名己。比九弱、乗戊平方開之、名庚。比九強、遂而開方之。次数多則者其数彌密也。至二十六次、九〇得八位。於是開方之如。次数以二自之、為分母。次数之内減一箇以母、除子為中率之仮数也。既得九ノ真数、則仮数半之為三之仮数、加二之仮数為六之仮数。又加二之仮数、為十二之仮数。又加二之仮数、為二十四之仮数。遂而如此。

又曰、凡仮数一ヨリ十二ニ至ルノ間、此法ヲ用テ新ニ求ル敢ノ者ハ二九七ノ三数ニ過ズ。ニノ仮数倍之、四ノ仮数トシ、ニノ仮数ヲ加テ、八ノ仮数トス。又ニノ仮数ヲ以テ、十ノ仮数ヲ減シテ、五ノ仮数トス。一一ヨリ一九ニ至テ、此法ヲ以テ、求コトアタバザル者一一一三一七一九ナリ。一二ハ前ニ出ヅ。一四ハ二七仮数ノ和、一五ハ三五仮数ノ和、一六ハ八二仮数ノ和、一八ハ二九仮数ノ和、廿ハ十ト二仮数ノ和。廿一ハ三七仮数ノ和。廿四前ニ出ヅ。廿五ハ五五仮数ノ和。遂而如此。真一一ヨリ、上ハ新ニ求ル法、次ニ出ヅ。追テ開除スル。原数十ケ開方、一次中率トス。乗十開方、二次中率トス。乗十ケ開方、三次中率トス。追テ如此。第五次ニ至テ、中率ノ数ヲ求ント欲スルトキハ、先自乗ノ故ヲ知ルベシ。置某自之、為某巾。自之、為某三乗巾。自之為某七乗巾。追自求連術、倍己加一ケ為次巾数ナリ。故又置物数、開方為平商、又開方為三乗商、又開方為七乗商、追次如此。連術如前。又其幾乗商アリ、追テ自之還原スルモノハ、己ノ内一ヲ減シ、半之自之得為幾乗商ナリ。今十ケ開除毎次ノ形ヲミルニ。

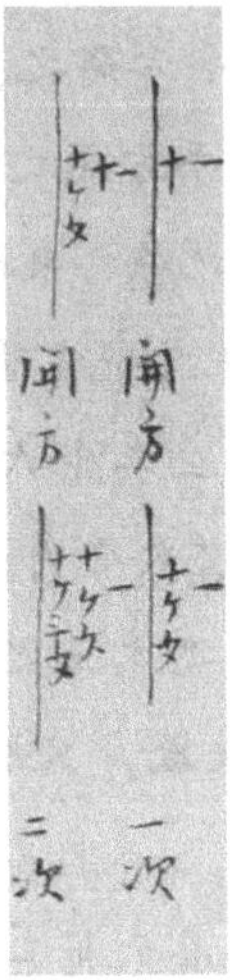

（和算式写真①）

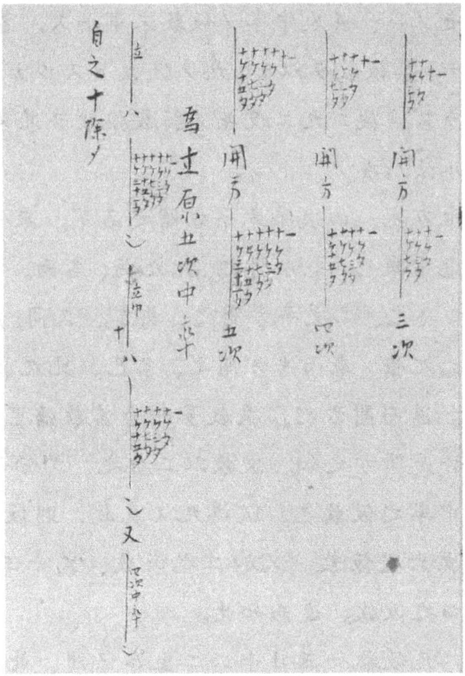

（和算式写真②）

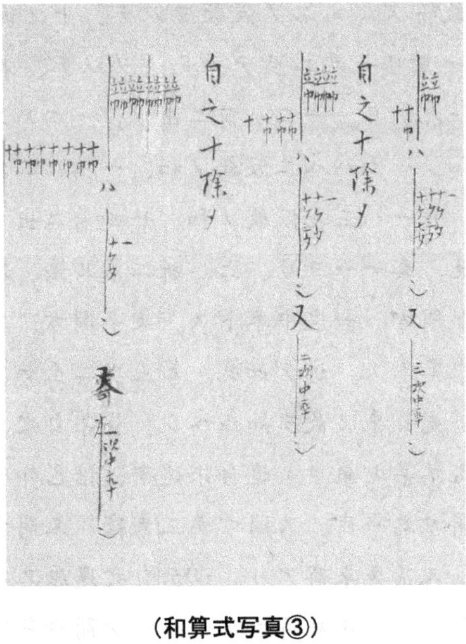

（和算式写真③）

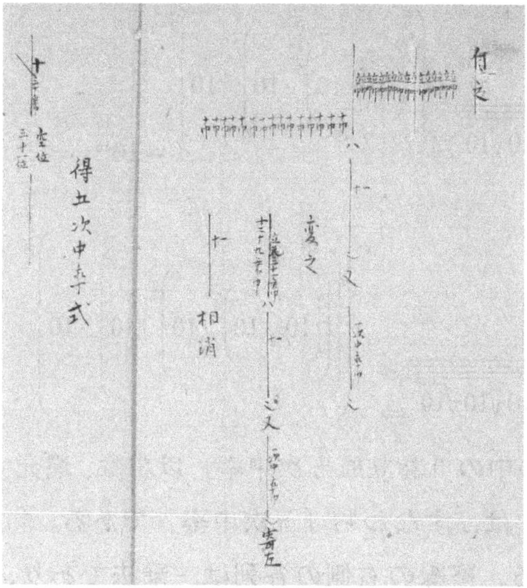

（和算式写真④）

故二術置十ヶ三十自乗之、三十一乗方二開之得五次中率、又開五次方ト同ジ（実数千万兆）。❶

上の和算式の写真は、計 4 枚がある。第一枚と第二枚の前半の和算式の中、竪線の右側の各列は、乗法であり、左側の各列は除法である。以下は、現代数学式をもちいた計算である。

一次 $\sqrt{10} \quad \Leftrightarrow \quad 10^{\frac{1}{2}}$

二次 $\sqrt{10\sqrt{10}} \quad \Leftrightarrow \left(10^{\frac{1}{2}} \cdot 10\right)^{\frac{1}{2}} = 10^{\frac{3}{4}}$

三次 $\sqrt{10\sqrt{10\sqrt{10}}} \quad \Leftrightarrow \left(\left(10^{\frac{1}{2}} \cdot 10\right)^{\frac{1}{2}} \cdot 10\right)^{\frac{1}{2}} = 10^{\frac{7}{8}}$

---

❶ 『数理精蘊解』「用中比例求仮数法」「第二」

四次

$$\sqrt{10\sqrt{10\sqrt{10\sqrt{10}}}} \Leftrightarrow \left(\left(\left(10^{\frac{1}{2}}\cdot 10\right)^{\frac{1}{2}}\cdot 10\right)^{\frac{1}{2}}\cdot 10\right)^{\frac{1}{2}} = 10^{\frac{15}{16}}$$

五次

$$\sqrt{10\sqrt{10\sqrt{10\sqrt{10\sqrt{10}}}}} \Leftrightarrow \left(\left(\left(\left(10^{\frac{1}{2}}\cdot 10\right)^{\frac{1}{2}}\cdot 10\right)^{\frac{1}{2}}\cdot 10\right)^{\frac{1}{2}}\cdot 10\right)^{\frac{1}{2}} = 10^{\frac{31}{32}}$$

第二枚の写真の中の「為立原五次中率」以左は、還元する計算である。和算式中の「立」は、すなわち「五次中率」である。「巾」は「平方」を求める計算である。竪線の右側の各列は、乗法であり、左側の各列は除法である。「為立原五次中率」以左の計算は以下のようである。

四次

$$\frac{\left(\sqrt{10\sqrt{10\sqrt{10\sqrt{10\sqrt{10}}}}}\right)^2}{10}$$

$$=\sqrt{10\sqrt{10\sqrt{10\sqrt{10}}}}$$

$$=\frac{\left(\left(\left(\left(\left(10^{\frac{1}{2}}\cdot 10\right)^{\frac{1}{2}}\cdot 10\right)^{\frac{1}{2}}\cdot 10\right)^{\frac{1}{2}}\cdot 10\right)^{\frac{1}{2}}\right)^2}{10}$$

$$=10^{\frac{15}{16}}$$

三次

$$\frac{\left(\left(\sqrt{10\sqrt{10\sqrt{10\sqrt{10\sqrt{10}}}}}\right)^2\right)^2}{10\cdot 10^2}$$

$$=\sqrt{10\sqrt{10\sqrt{10}}}$$

$$=\frac{\left(\left(\left(\left(\left(\left(10^{\frac{1}{2}}\cdot 10\right)^{\frac{1}{2}}\cdot 10\right)^{\frac{1}{2}}\cdot 10\right)^{\frac{1}{2}}\cdot 10\right)^{\frac{1}{2}}\right)^2\right)^2}{10\cdot 10^2}$$

$$=10^{\frac{7}{8}}$$

二次

$$\frac{\left(\left(\left(\sqrt{10\sqrt{10\sqrt{10\sqrt{10\sqrt{10}}}}}\right)^2\right)^2\right)^2}{10\cdot 10^2\cdot 10^2\cdot 10^2}$$

$$=\sqrt{10\sqrt{10}}$$

$$\frac{\left(\left(\left(\left(\left(\left(\left(10^{\frac{1}{2}}\cdot 10\right)^{\frac{1}{2}}\cdot 10\right)^{\frac{1}{2}}\cdot 10\right)^{\frac{1}{2}}\cdot 10\right)^{\frac{1}{2}}\right)^2\right)^2\right)^2}{10\cdot 10^2\cdot 10^2\cdot 10^2}$$

$$=10^{\frac{3}{4}}$$

一次

$$\frac{\left(\left(\left(\left(\sqrt{10\sqrt{10\sqrt{10\sqrt{10\sqrt{10}}}}}\right)^{2}\right)^{2}\right)^{2}\right)^{2}}{10\cdot 10^{2}\cdot 10^{2}\cdot 10^{2}\cdot 10^{2}\cdot 10^{2}\cdot 10^{2}\cdot 10^{2}}$$

$$=\sqrt{10}$$

$$=\frac{\left(\left(\left(\left(\left(\left(10^{\frac{1}{2}}\cdot 10\right)^{\frac{1}{2}}\cdot 10\right)^{\frac{1}{2}}\cdot 10\right)^{\frac{1}{2}}\cdot 10\right)^{\frac{1}{2}}\right)^{4}\right)^{4}}{10\cdot 10^{2}\cdot 10^{2}\cdot 10^{2}\cdot 10^{2}\cdot 10^{2}\cdot 10^{2}\cdot 10^{2}}$$

$$=10^{\frac{1}{2}}$$

還元

$$\frac{\left(\left(\left(\left(\sqrt{10\sqrt{10\sqrt{10\sqrt{10\sqrt{10}}}}}\right)^{2}\right)^{2}\right)^{2}\right)^{2\cdot 2}}{10^{2}\cdot 10^{2\cdot 2}\cdot 10^{2\cdot 2}\cdot 10^{2\cdot 2}\cdot 10^{2\cdot 2}\cdot 10^{2\cdot 2}\cdot 10^{2\cdot 2}10^{2\cdot 2}}$$

$$=\frac{\left(\left(\left(\left(\left(\left(10^{\frac{1}{2}}\cdot 10\right)^{\frac{1}{2}}\cdot 10\right)^{\frac{1}{2}}\cdot 10\right)^{\frac{1}{2}}\cdot 10\right)^{\frac{1}{2}}\right)^{4}\right)^{8}}{10^{2}\cdot 10^{4}\cdot 10^{4}\cdot 10^{4}\cdot 10^{4}\cdot 10^{4}\cdot 10^{4}\cdot 10^{4}}$$

$$=10$$

変之

$$\frac{\left(10^{\frac{31}{32}}\right)^{31+1}}{10^{29+1}}=10$$

上の計算に続いて、以下の計算がある。

原文：

試数

一次　三千百六十二万二千七百七十七億

二次　五千六百二十三万四千百三十二

三次　七千四百九十八九四二一

四次　八十六五九六四三二

五次　九ヶ三〇五七二〇四

又仮数ハ直ニ五次ノ数ヲ求ント欲スル者ハ、先其形ヲ見。

（この間、和算式がある。第 44 頁の写真⑤、⑥に掲げた。）

故二十ノ仮数百億ヲ置三十一乗シテ、一ノ仮数空十一位ヲ加、三十二除シテ、五次中率ノ仮数トス。又法ニケ置、次数ノ如ク自之、除数トス。故ニ若四次中率仮数ヲ求者ハ、五次仮数ヲ置、倍之、内十ノ仮数ヲ減得ル也（乃一次仮数二分ノ一、二次四分ノ一、三次ノ仮数ハ八分ノ七、四次ノ仮数十六分ノ十五、五次ノ仮数三十二分ノ三十一。遂而如是）。

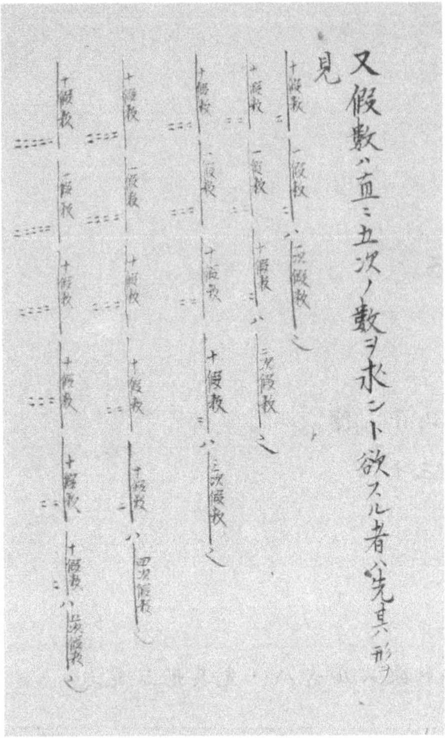
又假數ハ並ニ五次ノ數ヲ求ントス欲スル者ハ先其形ヲ見

（和算式写真⑤）

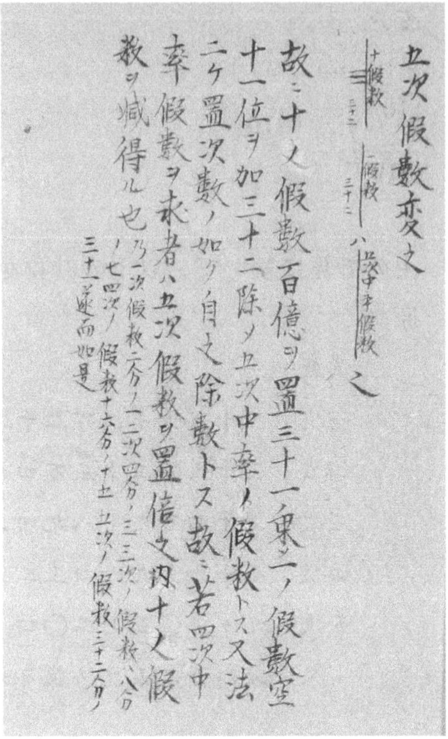
五次假數変之

故ニ十ノ假數百億ヲ置三十一乗之ノ假數空十一位ヲ加三十二除メ五次中率ノ假数トス又法ニケ置次數ノ如ク自之除數トス故ニ若四次中率假數ヲ求者ハ五次假数ヲ置倍之内十ノ假數ヲ減得ル也

（和算式写真⑥）

先ず、上に引用した文中の「一次ー五次」という数字を説明する。

一次：31, 622, 777 億

二次：56, 234, 132

三次：7498.9421

四次：86.596432

五次：9.3057204

それらの数値は、前の和算式をもちいて計算した結果である。

上の和算式の写本は 2 枚がある。以下の現代数学式の通りである。

一次仮数

$$\frac{\lg 10}{2}+\frac{\lg 1}{2}=\frac{1}{2}$$

二次仮数

$$\frac{\lg 10}{2\times 2}+\frac{\lg 1}{2\times 2}+\frac{\lg 10}{2}=\frac{3}{4}$$

三次仮数

$$\frac{\lg 10}{2\times 2\times 2}+\frac{\lg 1}{2\times 2\times 2}+\frac{\lg 10}{2\times 2}+\frac{\lg 10}{2}=\frac{7}{8}$$

四次仮数

$$\frac{\lg 10}{2\cdot 2\cdot 2\cdot 2}+\frac{\lg 1}{2\cdot 2\cdot 2\cdot 2}+\frac{\lg 10}{2\cdot 2\cdot 2}+\frac{\lg 10}{2\cdot 2}+\frac{\lg 10}{2}=\frac{15}{16}$$

五次仮数

$$\frac{\lg 10}{2\cdot 2\cdot 2\cdot 2\cdot 2}+\frac{\lg 1}{2\cdot 2\cdot 2\cdot 2\cdot 2}+\frac{\lg 10}{2\cdot 2\cdot 2\cdot 2}+\frac{\lg 10}{2\cdot 2\cdot 2}+\frac{\lg 10}{2\cdot 2}+\frac{\lg 10}{2}=\frac{31}{32}$$

変之

$$\frac{31\cdot \lg 10}{32}+\frac{\lg 1}{32}=\frac{31}{32}$$

3.『数理精蘊解』「逓次開方求仮数法」の「第六」中の和算式の分析

この部分の計算方法は、『数理精蘊』および『数理精蘊解』に紹介した方法のうち、微分の思想をもちいて、最も難しい方法である。

原文と和算式と数表は以下のように引用する。

原文：

第六

凡開方ノ数、折半ノ不同ト云ドモ、其不同ノ差、次数多トキハ、其差漸少シ。故ニ相較ノ法アリ、開方十次ニ至テ、較数ヲ以相減トキハ、開方ノ数ヲ得ル。仮令バ、六ノ仮数ヲ求ル者、六ヲ以一率トシ、遁テ自之、第九段ニ至テ、其段ノ積開方、第一率トシ、（一千万命一トス）開方四次ニ至テ一〇〇〇四八三八四〇二六八八四六六二九余トス。（名子）開方一〇〇〇二四一八九〇八七八八二四六八五六三八余トス。（名丑）五次ノ商也。子次位以下、半之、比寅　漸近シトス。二四一九二〇一三四四余ナリ。

（この間、和算式がある。47 ページの和算式写真⑦。）

又丑折半六次一較を減シテ、六次開方数トス。然ドモ此一較、原寅ニ依テ生ス。故に尚七次ノ商ヲ求メ。（名午）

（この間、和算式がある。48 ― 49 ページの和算写真式⑧、⑨。）

此三較ヲ以還原スルトキハ、八次ノ商ヲ得ルト云ドモ、原八次ノ商ヨリ生ズ。故ニ開方ヲ用ユ。再求次ノ商ヲ求テ。（名申）

空位ヲ得ル故ニ、五較ナシ。（若開法ノ廿二位ヲ用）

第十一次ニ至テ、前法ヲ用テ、十次ノ四較三十二除シテ、一倍ニ不足故ニ十次ノ三較十六帰ヨリ、術ヲ起シテ、十一次ノ商ヲ得。又首位一ヲ加。遁而廿三次ニ至テ、一ト九空位九二三六二八八九一余リヲ得。真数ノ零数一ト空位ヲ足シテ、三率ニ等クシテ〻、一率トス。其仮数十一空位後ノ零数二率トス。（此一率、二率ハ、第五段ニ云数ト同）今得零数三率トシテ、四率ヲ求メ。廿三次ノ仮数トス。（二率十四位アリ、其前十一空位トス。今四率十五位ヲ得ル故ニ、四率ノ前十空位トス。是ヨリ本文ニ倍垜ノ率、廿三次ノ数ヲ以、乗之。）

得ル数、第一率一〇〇七七六九六ノ仮数トス。然ドモ、此一ハ、原千万ノ位ナル故、首位七ヲ加ナリ。此一千〇七万七千六百九十六ハ、連比例六倍塚、九段ニアタル。故ニ、九ヲ以テ除之、六ノ仮数ヲ得ル也。❶

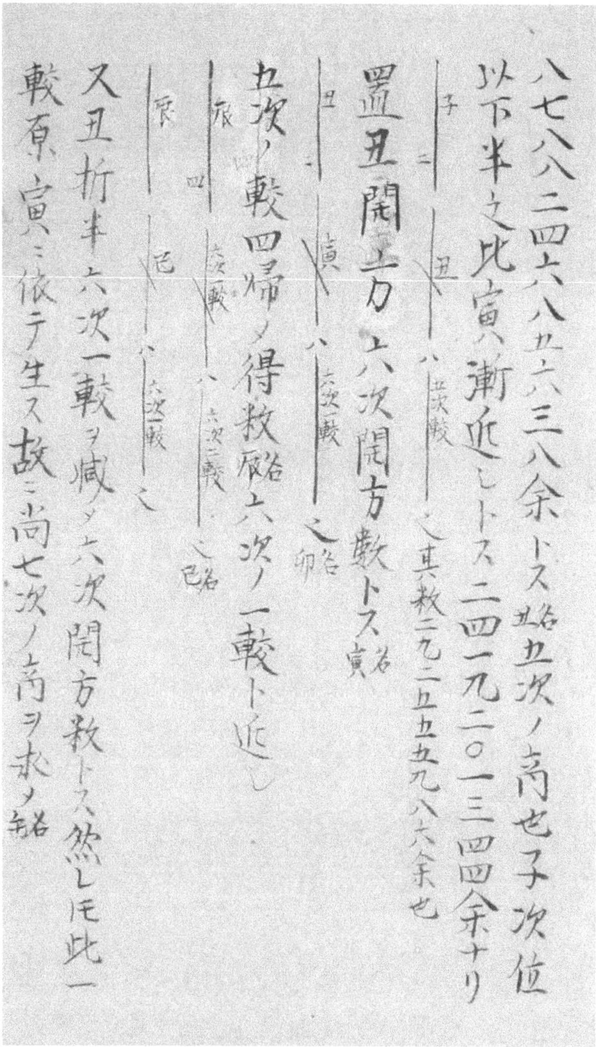
八七八八二四六六八五六八三八余トス名五五次ノ商也子次位
以下半之比寅ハ漸近ヒトス二四一九二〇一三四四余ナリ
之其数二九二五五九八六余也
置丑開方六次開方数トス名寅
五次ノ較四帰メ得数名辰六次ノ一較ト近シ
又丑折半六次一較ヲ減メ六次開方数トス然レモ此一
較原寅ニ依テ生ス故ニ尚七次ノ商ヲ求メ名午

（和算式写真⑦）

❶『数理精蘊解』「逓次開方求仮数法」の「第六」

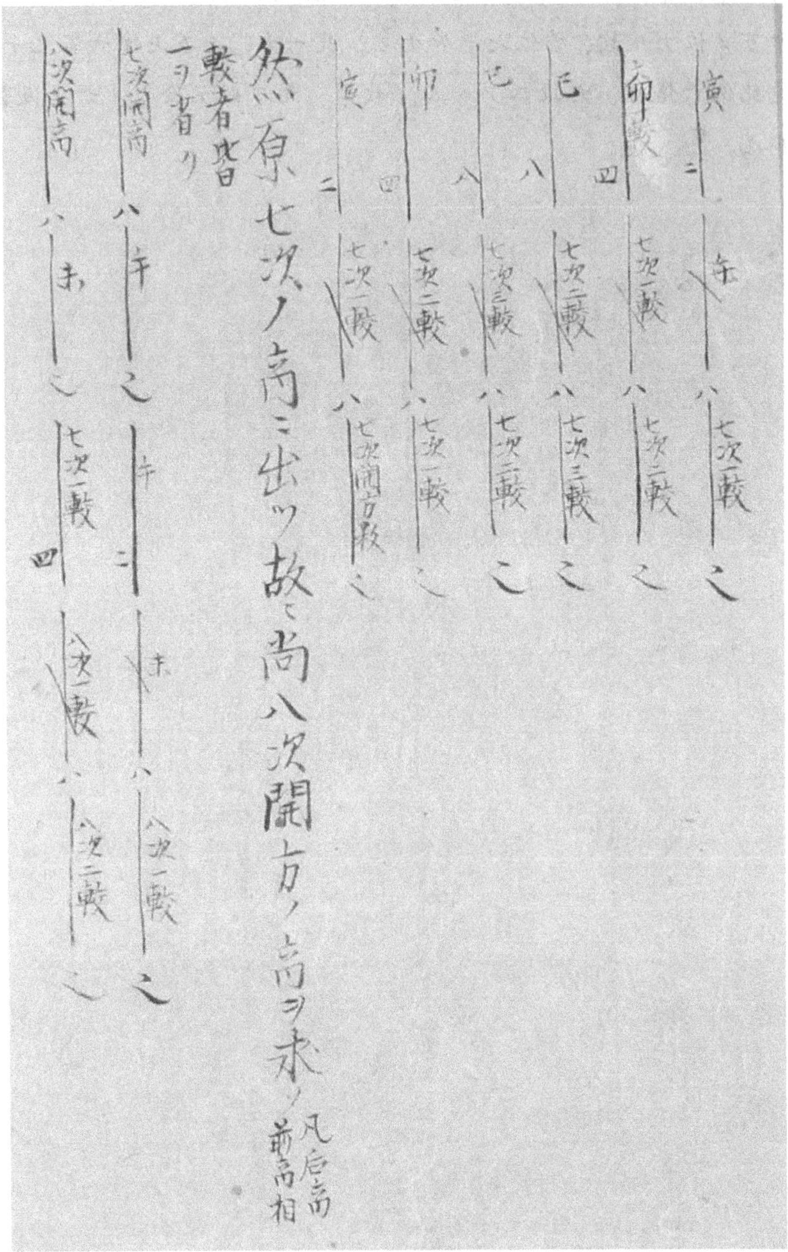

然原七次ノ商ニ出ツ故ニ尚八次開方ノ商ヲ求

（和算式写真⑧）

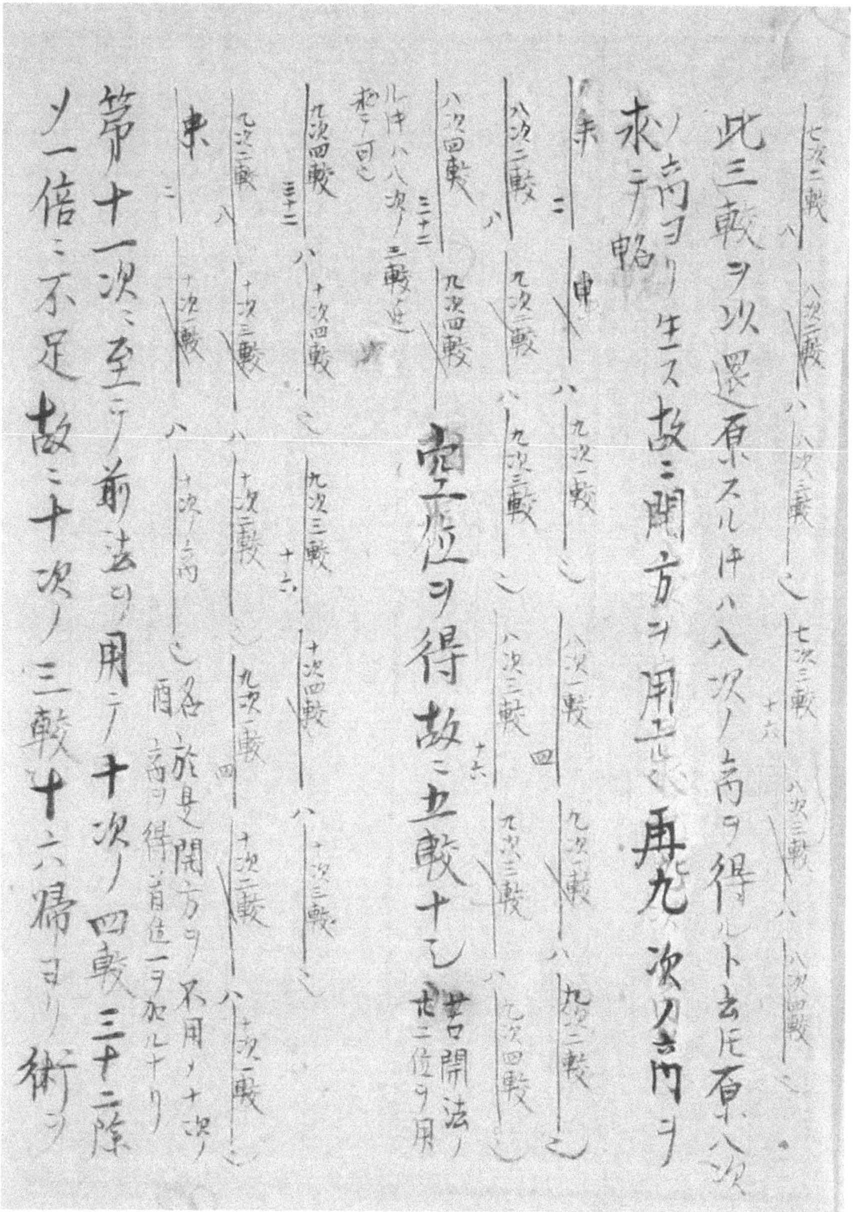

（和算式写真⑨）

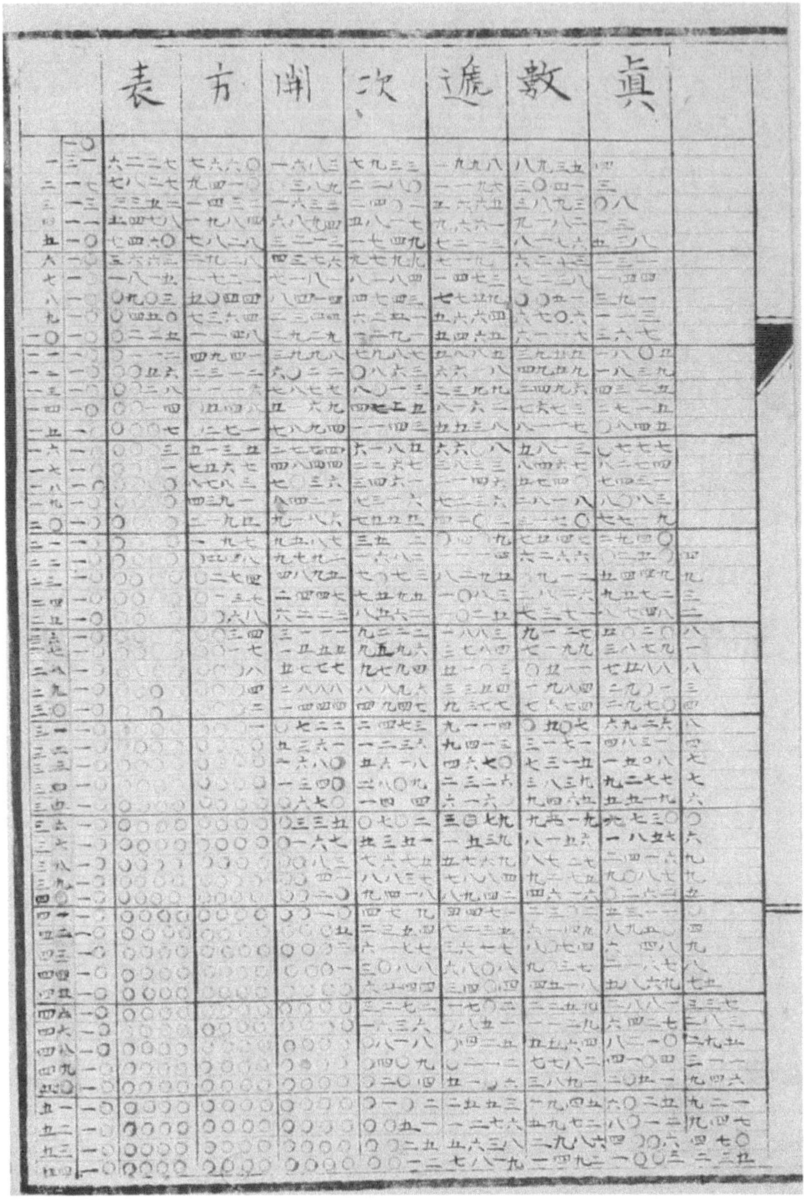

（数値表写真①）

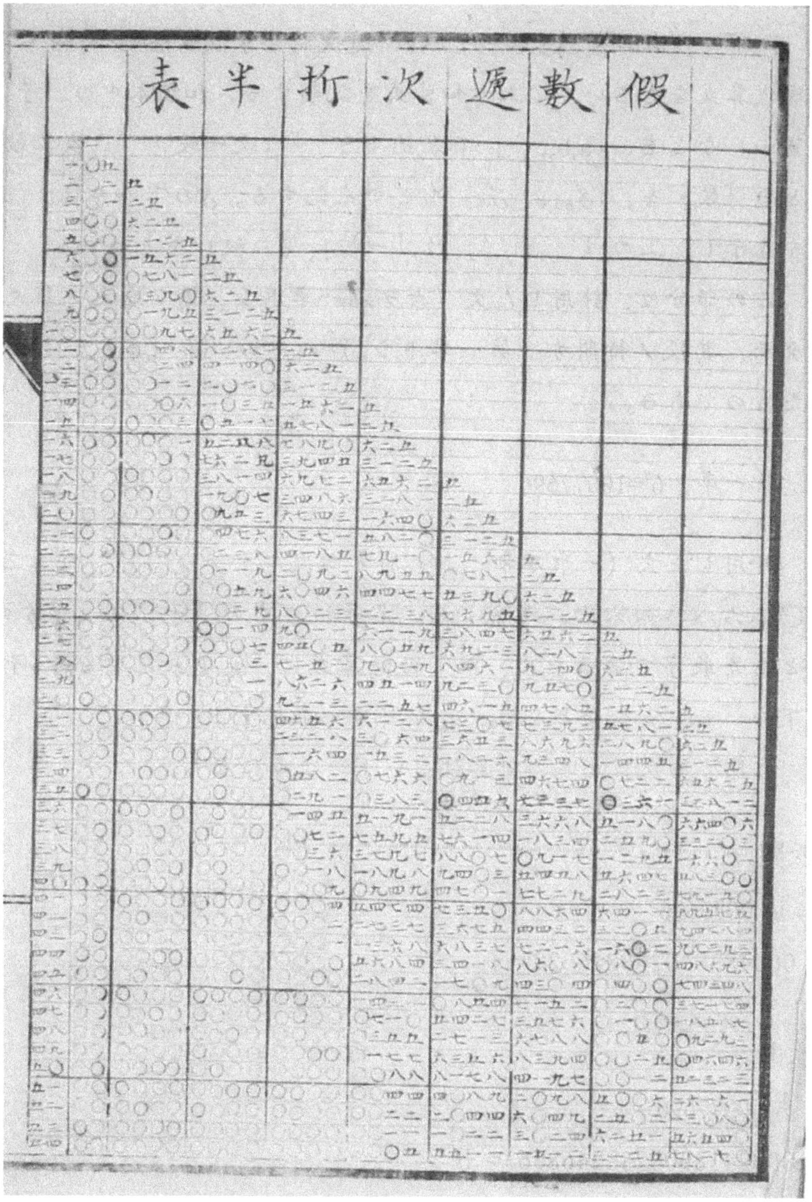

（数値表写真②）

この部分は、自然数6の対数を求める方法である。

以下で、『数理精蘊』巻三十八の「遁次開法求仮数法之六」を参照し、現代算式をもちいて、上の和算式を説明する。和訳本中の「子、丑、寅…」などを、「a,b,c…」で表記する。「六次一較」、「六次二較」などの「較」を、「δ'_6」、「δ''_6」などで表記する。δの下の6は、「六次」を表示し、上の「’」、「’’」は「一較」、「二較」を表示する。

この部分は、引用した文（六ヲ以一率トシ、遁テ自之、第九段ニ至テ、其段ノ積開方、第一率トシ。）の中の「第一率」から計算したものである。

第一率：6^9=10077696

引用した文（一千万命一トス開方四次ニ至テ一〇〇〇四八三八四〇二六八八四六六二九余トス。名子）の中の「子」は「開方四次」とした数字であるため、以下の計算式に、a_4で表記する。「子」以下の「丑、寅」などをa_5、a_6などで、表記する。

「開方四次」からの計算は、以下のようになる。

四次開方

$a_4 = \sqrt[16]{1.0077696}$

$\approx 1.000483840268846629=$ 子

五次開方

$a_5 = \sqrt[32]{1.0077696}$

$\approx 1.000241890878822468563=$ 丑

$\dfrac{a_4 - 1}{2} \xrightarrow{\text{漸近シ}} a_5 - 1$

五次較

$$\delta_5 = \frac{a_4 - 1}{2} - \left(a_5 - 1\right)$$

= 0.00024192013442331492746267-0.00024189087882468563808727

= 0.0000000292555986292893754

六次開方

$$a_6 = \sqrt{a_5} \quad \text{（寅）}$$

六次一較

$$\delta_6' = \frac{a_5 - 1}{2} - (a_6 - 1) \quad \text{（卯）}$$

六次二較

$$\delta_6'' = \frac{\delta_5}{4} - \delta_6' \quad \text{（巳）}$$

七次開方

$$a_7 = \sqrt{a_6} \quad \text{（午）}$$

七次一較、二較、三較

$$\delta_7' = \frac{a_6 - 1}{2} - (a_7 - 1)$$

$$\delta_7'' = \frac{\delta_6'}{4} - \delta_7'$$

$$\delta_7''' = \frac{\delta_6''}{8} - \delta_7''$$

$$\delta_7'' = \frac{\delta_6''}{8} - \delta_7'''$$

$$\delta_7' = \frac{\delta_6'}{4} - \delta_7''$$

$$a_7 - 1 = \frac{a_6 - 1}{2} - \delta_7'$$

八次開方

$$a_8 = \sqrt{a_7}$$

八次一較、二較、三較、四較

$$\delta_8' = \frac{a_7 - 1}{2} - (a_8 - 1)$$

$$\delta_8'' = \frac{\delta_7'}{4} - \delta_8'$$

$$\delta_8''' = \frac{\delta_7''}{8} - \delta_8''$$

$$\delta_8'''' = \frac{\delta_7'''}{16} - \delta_8'''$$

九次開方

$$a_9 = \sqrt{a_8}$$

九次一較、二較、三較、四較

$$\delta_9' = \frac{a_8 - 1}{2} - (a_9 - 1)$$

$$\delta_9'' = \frac{\delta_8'}{4} - \delta_9'$$

$$\delta_9''' = \frac{\delta_8''}{8} - \delta_9''$$

$$\delta_9'''' = \frac{\delta_8'''}{16} - \delta_9'''$$

$$\frac{\delta_8''''}{32}-\delta_9''''=0$$

これより

$$\frac{\delta_n''''}{32}=\delta_{n+1}''''$$

故に

$$\frac{\delta_9''''}{32}=\delta_{10}''''$$

$$\frac{\delta_9'''}{16}-\delta_{10}''''=\delta_{10}'''$$

$$\frac{\delta_9''}{8}-\delta_{10}'''=\delta_{10}''$$

$$\frac{\delta_9'}{4}-\delta_{10}''=\delta_{10}'$$

$$\frac{a_9-1}{2}-\delta_{10}'=a_{10}-1$$

二十三次開方

$$\sqrt[2^{23}]{1.0077696}$$

$$=1.000000000922628891043076 67$$

続いては、$\sqrt[2^{23}]{1.0077696}$の仮数を求めるのである。

一率：10, 000, 000, 000, 000

二率：43, 429, 448, 187, 414

三率：92, 262, 889, 104, 307

四率：$\lg a_{23}$

この四率の関係は、以下の等式が示したようである。また、この等式から、計算を行う。

$$\frac{10000000000000}{43429448187414}=\frac{92262889104307}{\lg a_{23}\times 10^{24}}$$

$\Rightarrow$

$$\lg a_{23}\times 10^{24}=400692626197652$$

$\Rightarrow$

$$\lg a_{23}=0.0000000000400692626197652$$

$$\because a_{23}=a_1^{\frac{1}{2^{23}}}$$

$$\therefore \lg a_{23}=\lg a_1^{\frac{1}{2^{23}}}=\frac{1}{2^{23}}\lg a_1$$

$$\therefore \lg a_1=2^{23}\times \lg a_{23}$$

$=8388608$

$\times\ 0.0000000000400692626197652$

$=0.00336125345$

$=\lg 1.0077696$

$\because \lg 10077696=\lg(1.0077696\times 10^7)$

$\therefore \lg 10077696=\lg 1.0077696+7$

$=7.00336125345$

$=\lg 6^9$

$\because 9\cdot\lg 6=7.00336125345$

$\therefore \lg 6=0.77815125038$

以上で、lg6の数値を求めた。

上の等式

$$\frac{10000000000000}{43429448187414}=\frac{92262889104307}{\lg a_{23}\times 10^{24}}$$

は、微分学の思想にもとづいたものである。以下は、その等式の由来の説明である。

一率は：

1.000, 000, 000, 000, 000, 1

の小数部分である。

二率は：

0.000, 000, 000, 000, 000, 043, 429, 448, 190, 325, 180, 4

三率は、求めようとする真数の小数部分である。然し、この真数は、1＋小数部分より、なされたものである。

四率は、三率の仮数。

数学根拠は、以下のようである。

関数 $y=\lg x$ の図像：

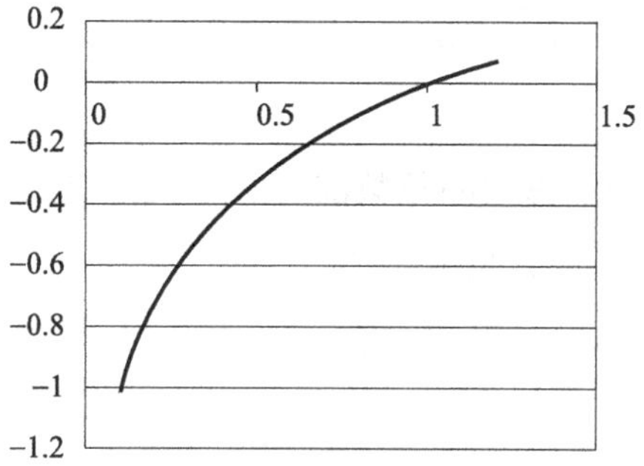

$$\because dy = f'(x)dx$$

$$\therefore dy = \frac{1}{x\ln 10}dx$$

$$\therefore \frac{dy}{dx} = \frac{1}{x\ln 10}$$

$$\therefore \frac{f(x_1)-f(x_0)}{x_1-x_0} = \frac{1}{x\ln 10}$$

点 (1, 0) において

$$\frac{f(x_1)-f(1)}{x_1-1} = \frac{1}{\ln 10}$$

$$\therefore \frac{f(x_1)-0}{x_1-1}=\frac{1}{\ln 10}$$

$$\therefore \frac{f(x_1)}{x_1-1}=\frac{1}{\ln 10}$$

文中の一率と二率は、即ち$f(x_1)$-1 と x_1 であり、三率と四率は、$f(x_2)$-1 と x_2 となっている。

$$\frac{f(x_1)}{x_1-1}=\frac{f(x_2)}{x_2-1}=\frac{1}{\ln 10}$$

$$\therefore \frac{x_1-1}{f(x_1)}=\frac{x_2-1}{f(x_2)}=\ln 10$$

よって、

一率、二率、三率、四率の関係は、上の等式

$$\frac{10000000000000}{43429448187414}=\frac{92262889104307}{\lg a_{23}\times 10^{24}}$$

になる。

この方法での計算は、真数の整数部分を 1 に限定しなければならない。$\lg 1=0$ のため、上の等式は成立てる。

1 以外の数値のあばい、上の等式

$$\frac{x_1-1}{f(x_1)}=\frac{x_2-1}{f(x_2)}=\ln 10$$

の左側の両分母は、仮数$f(x_1)$、$f(x_2)$ はそのままにならない。そして、右側も、ln10 にならない。よって、$\frac{x_1-1}{f(x_1)}=\frac{x_2-1}{f(x_2)}$という等式で、真数$f(x)$が求められない。

4. 『数理精蘊解』「求八線対数」の数学的分析

『数理精蘊解』「求八線対数」という部分には、正弦対数、余弦対数をもちいて正切対数、正割対数、正矢対数を求める方法を紹介した。

原文：

求八線対数

凡八線ノ対数ハ、仮数定テ、半径一〇トスルトキハ、真数必十一位トス。其位数多トキハ、愈密ナリト云トキ、簡ニ随フ。既ニ半径ノ仮数定ルトキハ、比例ヲ以、正余弦ノ仮数ヲ求ム。此両弦ノ仮数ヲ得ルトキハ、正弦ト半径ノ仮数相加内、余弦ノ仮数ヲ減シテ、正切ノ仮数トス。又半径仮数倍之、内余弦ノ仮数ヲ減シテ、正割ノ仮数トスル也。他倣此。又正矢ノ仮数ヲ求方ハ、半弧ノ正弦仮数ヲ以、倍之、内半径ノ仮数ヲ減シ再ニノ仮数ト相加テ、正矢ノ仮数ヲ得ル。蓋半径ト半弧正弦ノ比ト半弧正弦ト半正矢ノ比ト同ジ。倍之テ、全矢ヲ得ルナリ。❶

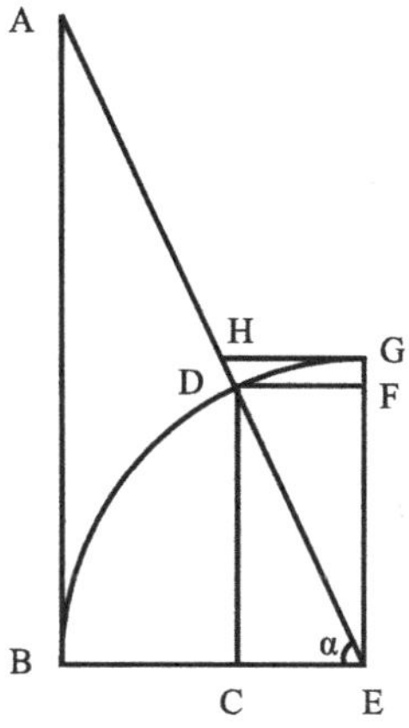

（割円八線図）

上図の中、DC は正弦線、DF は余弦線、AB は正切線、GH は余切線、AE は正割線、EH は余割線、BC は正矢線、GF は余矢線である。

『数理精蘊解』および『数理精蘊』には、計算方法だけを紹介した。本論は、現代数学式で、これらの計算方法を検証する。

❶ 『数理精蘊解』「求八線対数」

正切対数の計算法：

$$\because \log DC - \log DF = \log\frac{DC}{DF}$$
$$= \log(tg\alpha) = \log\frac{AB}{BE}$$
$$= \log AB - \log BE$$
$$\therefore \log DC - \log DF$$
$$= \log AB - \log BE$$
$$\therefore \log DC + \log BE - \log DF$$
$$= \log AB$$

正割対数の計算法：

$$\because \frac{DE}{CE} = \frac{AE}{BE}$$
$$DE = BE$$
$$DF = CE$$
$$\therefore \frac{BE}{DF} = \frac{AE}{BE}$$
$$\therefore BE^2 = DF \cdot AE$$
$$\therefore \log(BE^2) = \log(DF \cdot AE)$$
$$\therefore 2\log(BE) = \log DF + \log AE$$
$$\therefore \log AE = 2\log(BE) - \log DF$$

正矢対数の計算法：

$$\because \sin\frac{\alpha}{2} = \sqrt{\frac{1-\cos\alpha}{2}}$$
$$\therefore \log(\sin\frac{\alpha}{2}) = \log(\sqrt{\frac{1-\cos\alpha}{2}})$$
$$\therefore \log(\sin\frac{\alpha}{2}) = \frac{1}{2}\log(\frac{1-\cos\alpha}{2})$$

$$\therefore 2\log(\sin\frac{\alpha}{2}) = \log(\frac{1-\cos\alpha}{2})$$

$$\therefore 2\log(\sin\frac{\alpha}{2}) = \log(1-\cos\alpha) - \log 2$$

$$\therefore 2\log(\sin\frac{\alpha}{2}) + \log 2 = \log(1-\cos\alpha)$$

$$\therefore 2\log(\sin\frac{\alpha}{2}) + \log 2 = \log ver\sin\alpha$$

半弧の正弦を$D'C'$で表記する。

$$\therefore 2\log\frac{D'C'}{BE} + \log 2 = \log\frac{BC}{BE}$$

$$\therefore 2(\log D'C' - \log BE) + \log 2$$

$$= \log BC - \log BE$$

$$\therefore 2\log D'C' - \log BE + \log 2 = \log BC$$

5.『数理精蘊解』「対数用法」和算式中の数学定理

『数理精蘊解』「対数用法」の和算式の中、数学の定理は三つがある。全文には、すでに、正切定理を分析した。つぎに、ほかの二つの定理を分析する。

一つは正弦定理。「対数用法」「第五」に、三角形の辺の長さを求める方法は、正弦定理にもとづいたものである。

原文：

第五

合勾股形二角度アリ。勾アリ、股ヲ求ム。

依術。右書両数ノ仮数相加、左書ノ仮数ヲ減、股ノ仮数ヲ得ル。撿表得股。❶

---

❶ 『数理精蘊解』「対数用法」「第五」

上の和算式中の勾をa、股をb、勾の相対する角をA、股の相対する角Bで、表記すると、以下のようになる。

$$\lg a+\lg(\sin B)-\lg(\sin A)=\lg b$$

上の等式は、正弦定理である。この等式を以下の推理で、正弦定理の普通の形式に変えられる。

$$\lg a+\lg(\sin B)-\lg(\sin A)=\lg b$$

$$\Rightarrow$$

$$\lg(\frac{a\cdot\sin B}{\sin A})=\lg b$$

$$\Rightarrow$$

$$\frac{a\cdot\sin B}{\sin A}=b$$

$$\Rightarrow\frac{a}{\sin A}=\frac{b}{\sin B}$$

もう一つはピタゴラスの定理である。「対数用法」「第十一」の和算式はこの定理である。

原文：

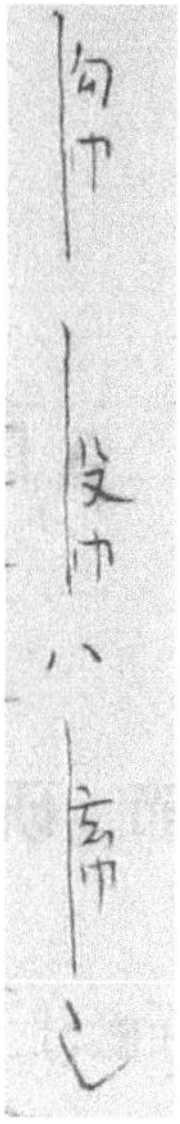

勾股以数撿表得ル仮数、各倍之。巾数ノ真数トス。相併テ、弦巾ノ真数トス。以テ、撿表ヲ得。半之弦巾ノ真数トス。以テ撿表仮数ヲ得、半之、弦ノ仮数トス。仍真数ヲ求。（勾二十七尺、股三十六尺）[1]

上の和算式は：勾巾＋股巾＝弦巾 $(a^2+b^2=c^2)$ である。

小　括

第一章では、中国数学史学者李厳の先行研究を踏まえて、『数理精蘊』の対数表製法の原理に研究を加え、李厳の誤りを修正した。

また、実証的、数学的な研究を加えて、安島直円の対数表製法の数学原理と徐浩修の対数思想は同じであることを指摘した。両者とも、『数理精蘊』の考え方とは異なり、常用対数の底が10であるという特性を利用するそれぞれ独自的な研究である。

---

[1] 『数理精蘊解』「対数用法」「第十一」

第二章
蘭書による対数受容

第一節：研究史

1800年前後、西洋数学の対数知識は二つの経路を通して、日本に伝来した。一つは、漢訳西洋数学書に基づき、和算家たちが行った対数理論研究である。和算家は、対数値の計算法に注目していた。

もう一つは、蘭書による対数表および対数の応用に関する研究である。優れた業績を残した学者とその著書としては、本多利明の『大測表』が挙げられる。

以下に、これまでの研究史を述べる。

1.『明治前日本数学史』

第5巻第13章第5節の「直接の輸入」タイトルの下に、以下の論述がある。

> しかし対数表はもう一つの方向から我邦に入った。それは直接蘭書によるものである。
>
> その最初は、本多利明が蘭書より翻訳した大測表5巻の内の対数表である。これは寛政11年（西紀1799）のことである。
>
> 巻1は八線表で、1分ごとの7桁表である。
>
> 巻2は八線対数表で、これも1分ごとの7桁表である。

巻3は加減代乗除表といひ、すなわち普通の対数表で、10010までの7桁表である。上記の形式で72枚にわたる。

巻4はこれらの表の用法。

巻5は七向表、東西表を収めてゐる。これはオランダのどの書によったものか記してないが、内田五観のいふ所によればCornelius Douwesの航海表である。頁を左より起して書いてゐるし、横書で、巻5の終にStrecttafel[1]云々と蘭字を書いてゐる。[2]

刊行本として対数表の出たのは、幕末である。安政4年（西紀1857）に出版された。

算法捷径新製乗除対数表　安政丁巳（4年、西紀1857）夏

鐫　紀藩恵川景之彌五郎編、山中信古篤之助校

は安政丙辰（3年）仲冬山中信古序、安政3年丙辰秋、司天官内金塘福田復序をもち、対数表は13枚で、1万までの数の6桁対数（縦書）である。これには差数表すなはち比例部分の表を添へてゐる。

これはPILAARの航海書（1831刊）の表に拠ったことを、次のごとく明示してゐる。

茲に西洋紀元一千八百三十一年昆辣兒（ピラール）昆辣兒（ピラール）の航海書中に載する所の対数表は、定位進退の煩労を省き、善算を尽せりと云ふべし、因て今之を抄して同好の士に示す。

原書を見るを得ないが、日本学士院にピラールの航海書の抄録あり。

筆氏航海全書初集二集抄鈔

筆氏航海全書初集巻二

ピラール氏著スツールマンスクンスト、1847年刊2冊（Jam Carel PILAAR，Stuurmanskunst，2ed 1837）[3]

---

❶ Streek tafelenの書き誤り

❷ 『明治前日本数学史』、第五巻、p451

❸ 『明治前日本数学史』、第五巻、p452

第4巻第3章第4節の「大測表5巻5冊　本多利明著　戸田広胖校」のタイトルの下に、以下の論述がある。

巻1は八線表真数表、弧度査表定例八ヶ条において八線真数表の用法を説明し、大測八線真数表は巻尾より始まり横書にして西洋流に載せてある。

この表は八位すなはち7桁表で1分毎の正弦、余弦、正切、余切、正割、余割の表である。

巻2は大測八線対数表（同じく1分毎の7桁表）を巻尾より載せ、巻頭よりは八線表対数表弧度査表実例八ヶ条を記してゐる。

巻3は大測加減代乗除表(すなはち普通の対数表)を巻尾から載せ、巻頭からは対数表の用法と用例とを記してゐる。この表もまた八位すなはち7桁表で1－10010の対数を載す。

巻頭に文化7年の利明の次の文書がある。

問フ所ニ従テ此表ヲ以テ人叓ノ用ニ関ル所支ナシトイヘトモ、未熟ニシテ其用ヲ遍ク為シ難シ、如何ントナレバ、タトヘバ九千九百九十七万〇〇〇二箇アリ。是ヲ人数九千九百九十九人ニ配当シテ其一人ノ充箇ヲ問フト云。答曰充箇九分九厘九毛八絲、是ヲ此表ヲ用テ術スル時ハ如何シテ其用ヲ弁別スル哉ト云ナトノ人用外ノ難題ヲ受ル事アリトイヘドモ、此表ノ用ヲ手煉ノ上ハ更ニ支ルコトナシ。日本ニ於テハ新奇ノ妙術ナリ。河野生×ノ需メニ応シ記シテ贈ル。　文化七庚午年　本多利明　印

巻4大測表用例上××ニハ

加減代乗除表用法　弧度査表総列　弧三角形凡例　弧三角総論　八線表・同対数表・加減代乗除表用法　測量類　対数表乗除表用法を収め、大測表の用法と、その応用問題の解決とを説明したものである。

第5大測表用例下には

船舶渡海之法、渡海総法（欧羅巴曰ゼイカルタ之法者是也）を収む。すなはち航海術への応用を説く。

利明の本書にある表は数理精蘊によらずに直接オランダの書に拠ったものなることはその体裁から明かであるが、何人の表を用ゐるたのでがらうか。

大測表用例上に巻4とある稿本は見当らないが、渡海表乾坤と題した写本に

大測表用例序　寛政十一己未年六月　魯鈍齋利明▯ 識に次のごとくいふ。

此大測表五巻ハ国用最第一、要用ヲ兼備シタル書ニシテ第一渡海、第二地理、第三測天治暦ノ要用ヲ兼備ヘリ、名ヲ大測表ト云。❶

蘭書による対数の受容について、『明治前日本数学史』の成果は、以下の二点に纏められる。

①年代別に、江戸後期における対数に関する書籍を収集した。

②『大測表』の体裁および書き込みを根拠とし、蘭書からの影響を認めた。

しかし、以下の疑問も残る。

①本多利明はオランダ語を習ったことはない。如何なる方法によって、対数の応用に対して詳しく論述できたのか。

②体裁から見れば、『大測表』は確かにダウウエスの航海書に近いが、『大測表』では、また「真数」、「仮数」などの『数理精蘊』系の用語を使っている。『数理精蘊』からの影響はあるかどうか、仮にあれば、どの程度の影響を受けたか。『大測表』と『数理精蘊』の関係という問題を、『明治前日本数学史』は後学に残した。

③『大測表』の内容に関しては、『明治前日本数学史』に若干論述はある（上文に引用した）。けれども、詳しい検討や研究を加えていない。仮に、

❶ 『明治前日本数学史』、第四巻、pp347 ― 348

蘭書との差異があれば、その差異の原因も検討する必要がある。

2.『増修日本数学史』

『増修日本数学史』に、対数および対数表の伝来についての論述は少ない。第五編、第九章、竹村好博の条に、以下の叙述がある。

> 本邦対数を伝うること既に久し。或はこれを蘭書に得、或はこれを唐書に得たり。その蘭書の如きは、ただこれを蔵するのみ。故にその基づく所のもの多くは、清国康熙帝の数理精蘊たり。算者みなその用を知らざるは無し。❶

第五編、第五章および第六章の本多利明の条には、『大測表』や対数などに言及していない。第六章の坂部広胖の条の平山諦の注中、『大測表』について以下のように述べている。

> ほかに航海測量術の著書がある。加減代乗除表用例、斜弧三角比例解、八位加減代乗除表、八線諸適等略解、量地平三角術解などがある。本多利明の大測表は戸田広胖校となっている。❷

蘭書による対数の受容について、『増修日本数学史』はほとんど論じていないが、「その蘭書の如きは、ただこれを蔵するのみ」のように、蘭書の受容様態を示している。すなわち、蘭書中の対数表が日本の書籍に収録されたことを承認しているけれども、対数の計算法の受容について、蘭書の影響を認めていない。

3. 本章の研究課題

現在までの先行研究が残した問題を探求するため、本章では以下の問

---

❶『増修日本数学史』、p591

❷『増修日本数学史』、p516

題を中心として考察しようとする。

①『明治前日本数学史』の言及するダウウェスの航海書およびそれに関連する書籍の内容を考察する。

②ダウウェスの航海書およびそれに関連する書籍中の対数理論および対数表を『大測表』と比較し、その異同を探る。

③『大測表』の内容と『数理精蘊』系書籍との比較研究を行う。

第二節: 蘭書『航海宝函』の調査

1. 版本

この蘭書のタイトルは、Schat-kamer ofte kunst der stuurlieden[1]。直訳すれば、「舵手の宝庫または航海術」になる。本書の後半は、ダウウェスの数学用表を収めており、その中に「対数表」がある。京都大学附属図書館と宮城県図書館に各一部を収蔵している。

京都大学所蔵本は、京都の蘭方医新宮涼庭の蔵書である。以下は京都本と称する。宮城県図書館の表紙に、「仙台府学図書」印がある[2]。以下は仙台本と称する。

京都本は、1781年版であり、仙台本は1786年である。表紙の文字は、若干異なる部分もある。

京都本の表紙には毛筆で「航海宝函」と墨書している。対して仙台本の表紙には「航海書」と書いている。

両書とも、ダウウェスの『数表』を収めている。同じく1779年版である。

---

❶ 京都大学附属図書館貴重図書「新宮本」、請求番号[7-1.V2]。

❷ 松田清編『宮城県立図書館伊達文庫蘭書目録』、2003、pp47～48参照。

2. 京都本と仙台本の異同

京都本と仙台本では扉頁の語句が、以下のように少し異なっている。

京都本の扉頁：

SCHAT-KAMER

OFTE

KUNST DER

STUURLIEDEN

Behelzende en duidelyke onderwyzing in de Navigatie，aangaade het gene de Stuurlieden noodwendig behooren te weeten.

Zynde hier bygevoegt eenige Tafelen，bevattende de Sinusse，Tangenter en Secanter，van minuut to minuut，inhare natuurlyke getallen，en der zelven Logrithmen，benevens de Logarithmen der gewoone getallen ; de vergrotende Breedten ; de Streek-Tafelen，naar het plat en het vond benevens de Breedte en Lengte van de meestbekende Zeeplaatsen，Zeehavens &c. der Aardryks.

Opgesteld door Klaas de Vries，en nu grootelyks，vermeerderd，verbeeterd en van de voorgaande fouten gezuiverd.

(fig.)

Te Amterdam，By Gerard HUlst van Keulen，Boek-en zeekaartverkooper，Compas，Octant，Graadboog en Mathematisch Intrumentemaker，aan den hoek van de Nieuwenbrug .

1781.Met Privilegie. [1]

仙台本の扉頁：

[1] 『航海宝函』京都本、扉頁

SCHAT-KAMER

OFTE

KUNST DER

STUURLIEDEN

INHOUDENDE DE ARITHMETICA OF REKENKUNDE,

Beneevens een duidelyke onderwyzinge in de Navigatie, aangaande het gene de Stuurlieden noodwendig behooren te weeten.

Hier by zyn gevoegd, verscheidene Tafelen, als van de Sinus en Logarithmus Sinus, Tangens en Secans, van minuut tot minuut ; de Logarithmen der gewoone getallen ; de vergrootende Breedte ; de Streek-Tafelen, na het plat en na het rond, en de Breedte en Lengte van de Meestbekende Zeeplaatsen, Zeehavens &c. des Aardryks.

Voor deezen Opgesteld door KLAAS DE VRIES, En nu met eene Inleiding over de Arithmetica of Rekenkunde vermeerderd, en verbeeterd door EVERT FLORYN.

（fig.）

TE AMSTERDAM.

BYGERARD HULST VAN KEULEN. Boek-en Zeekaartverkooper, Compas, Octant. Graadboog en Mathematisch Instrumentemaaker. aan den hoek van de Nieuwenbrug.1786.

Met Privilegie❶

両書の扉頁の挿絵は完全に同じである。下線部は、両書の叙述上の差異である。

差異があるところの大意を日本語に訳すれば、以下のようである。

京都本：分毎の正弦、正切、正割の表、またそれらに七桁の自然数対

❶ 『航海宝函』仙台本、扉頁

数を添える。また原始数の対数表を収める。

仙台本：多種の表を収める：分ごとの正弦およびその対数の表と正切と正割、または原始数の対数表。

両書の述べるところは同じであるが、順序は異なっている。仙台本の叙述によると、正弦表の次の表は、正弦対数表になり、正切表の次は正切対数表、正割表の次は、正割対数表になるというような勘違いをもたらす可能性がある。しかし、本文は「正弦、正切、正割関数表」、「正弦、正切、正割関数対数表」および「自然対数表」により構成される。

また、著者名の部分でもに、両書はまた異なる。それぞれの大意を日本語に訳すと、以下のようになる。

京都本：クラース・デ・フリース著、増補修訂版。

仙台本：クラース・デ・フリース著、エーフェルト・フロレインの『算術入門』増補修訂版を補う。

また、京都本の表紙に『航海宝函』と書いており、対して仙台本は『航海書』と書いている。

『航海宝函』という訳名はほぼ原書の意に従って、訳した書名であるが、仙台本の『航海書』は、純粋な意訳である。よって、本論のタイトルも、『航海宝函』という書名を採用する。

3.『航海宝函』京都本中の対数に関する書き込み

『航海宝函』という書籍には、常用対数を対象とする論述は見たらないけれども、原書が三角関数を論述するところに、日本人による「ロカリト」という朱筆書き込みがある。

原書の論述は、以下のようになる。

KONST DER STUURLIEDEN

V. HOOFDSTUK

Van de Bereekening der Rechtlynische Driehoeken

By Driehoeks Reekening verstaah wy deeze wetenschap. Om door drie bekende termen van eenen Drie-hoek（met behulp der Tafelen Sinus，Tangens en Secans）de drie overigen te vinden.

Een driehoek heet zes termen，als drie zyden en drie hoeken : drie van deeze door getallen bepaalt，of in getallen gegeeven zynde，（maar nooit geen drie hoeken zonder een zynde）omdan de drie overige door deeze gegeevene te vinden, is het gene wy hier zullen voordagen.

De zyden worden door Mylen，Roeden Voeten of eenige andere deelen afgemeeten，maar by de Zeevaart-Kuunde gebruikt men daar toe Mylen.

De hoeken worden door Bogen，die nit denzelven als middelpuut getrokken zyn, bepaalt of afgeneeten.

Om een Driehoek te maken.

Oplossing. Men trekt de LynAB（willeleu-rig）en trekt de LynAC zodaning，dat ze de LynAB rake als in A.trekt wit A，als middle-punt de BoogBC，dan zal deeze boog de groote van den Hoek A afmeeten : By worbeeld ; den Hoek A zynde 30 graden 20 is den Boog BC neede 30 graden groot.

Hoekmaat（sinus）eenes boogs ofte Hpeks，is een regte lyn，vallende van het eene end de Boogs，rechthoekig op de halve middelyn of zyn verlangde，gaande van het ander end des Boogs tot of door het middle punt des Boogs.

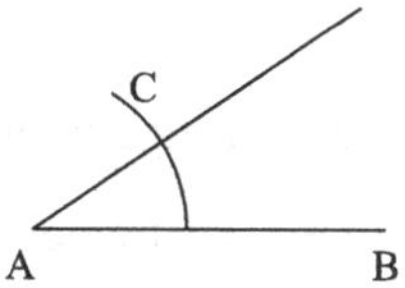

Hoekmaat（sinus）eenes boogs ofte hoeks，is een regte lyn，vallende van het eene end des Boogs，rechthoekig op de halve middelyn of zyn verlangde，gaande van het ander end des Boogs tot of door het middle punt des Boogs.

Verlaring.Zodanige lyn is CE zynde Hoekmaat of Sinus van den Boog BC，of van den hoek BAC ; als meede hoekmaat van den Boog CI, of van den Hoek IAC : want CE valt rechthoekig wit C, het eene end des Boogs BC of CI, op AB, de halve middellyn of zyn verlangde AI, gaande van B of I tot' t ander end des boogs tot of door A, als middelpunt van denzelven Boog ; en CF is meede hoekmaat of Sinus van den Boog DC, of den Hoek DAC. Deeze word ook Scheelboogs Hoekmaat of Sinus Complement van den eerften Boog of Hoek, genoemt.

Raaklyn (Tangens) eens Boogs of Hoek, is een rechte Lyn staande rechtboekig op't end van de halve middle-lyn, beginnende aan't einde de Boogs en eindigende aan de verlangde middlellyn voortgetoogen door het ander einde van denzelven Boog.

Verklaring.Zodanige lyn is BH, Raaklyn of Tangens van den Boog BC of Den Hoek BAC ; enDG is Raaklyn van den Boog DC of den hoek BAC.

Snglyn (Secans) is een verlangde halve Middellyn getoogen door het eene end des Boogs, tot aan het einde der Raaklyn van denzelven Boog.

Verklaring.Zodanige Lyn is AH, Snylyn of Secans van den Boog BC of den Hoek BAC.

Van alle deeze lynen, is de halve Dianeter of de halve middellyn AB, AC of AI, de Radius of Straal, zynde groot geftelt op 100 000 gelyke deelen daar van de Sinus, Tangens en Secans, in de Tafels staande, bereekend zyn.

Aangetoond hebbende wat Sinus, Tangens en Secans is, volyt nu hoe veel veranderingen dat' er zyn : deeze zyn teecerlei, namelyk Rechthoekige en Scheefhoekige Driehoeken. De scheefhoekige Driehoeken zyn meede teeederlei : namelyk scherphoekige en stomphoekige.

De drie Hoeken van eenen Driehoek, doen te zamen 180 graaden, dat is even veel als teee rechte Hoeken, ofte eenen halven Cirkel, na de 32 propositie van het eerste Boek Eudidus, by gevolg is ieder rechten Hoek 90 graaden.

Ieder rechthoekigen Driehoek heft eenen rechten Hoek, dat is 90 graden, en de twee andere Hoeken doen te zamen ook 90 graden：ieder scherphoekigen Driehoek heft drie scherpe Hoeken, dat is ieder Hoekminder als 90 graden；en ieder plomp stomphoeki-gen Driehoek, heft eenen stompen Hoek, dat is，die meer is als 90 graden, en de twee andere Hoeken zyn scherpe，daar van ieder minder is also 90 graden.

表ヲ用ユル法、二率三率相乗　×

ロカリトハ、相スルナリ。

De bekende Termen kunnen zijn.

In de Rechthoekige Driehoeken

1.De twee Rechthoeks Zijden.

2.Een Rechthoeks zijde met eenen scherpen Hoek.

3.De schuinse zyde met eenen scherpen Hoek.

4.De schuinse met een Rechthoeks zyde.

In de scheefhoekige Driehoeken.

5.Twee Hoeken met een zijde.

6.Twee zijden met eenen Hoek over een van de zijden.

7.Twee zijden en eenen Hoek tusschen deeze zijden.

8.Drie zyden.

Dit zyn alle de veranderingen die in de Rechtlynsche Driehoeken kunnen voorvallen；wy zullen deeze order volgen, en op elken verandering een Voorstel maken.❶

上に引用した『航海宝函』の段落では、対数また三角関数対数というものに少しも触れていない。全て三角関数についての説明および例題の

❶ 『航海宝函』京都本、pp112 ― 114

みになる。

引用した段落の内容は以下のようである。

タイトル：航海術第五章　直角三角法について

タイトルの下に、正弦、正切、正割および余弦、余切、余割を紹介し、また航海中の実際の里程および弧度と三角形の辺および角の関係を説明する。

その後は、例題である。

例題の下に、以下の三角形の解法を紹介する。

直角三角形の中：

1. 両直角辺を知る。

2. 一つの直角辺と一つの鋭角を知る。

3. 斜辺と一つの鋭角を知る。

4. 斜辺と一つの直角辺を知る。

一般の三角形の中：

5. 両角と一辺を知る。

6. 両辺とそれらに挟まれる角を知る。

7. 両辺とそれらと第三辺に挟まれる両角のうちの一つを知る。

8. 三辺を知る。

例題の解法を論じるところに、朱筆の書き込み

「表ヲ用ユル法、二率三率相乗　×

ロカリトハ、相スルナリ。」❶

がある。

その書き込みは、対数を使う解答方法を説明している。つまり、もとの乗法を使う場合、対数表を利用すれば、簡便な加法になる。しかし、ここでいう「ロカリト」は普通の対数ではなく、三角関数対数を示すも

---

❶ 『航海宝函』京都本、p113

のであろう。

注意を払うべきところがある。『航海宝函』京都本を利用した人は、「対数」という用語を使わず、オランダ語「ロカリト」をそのまま使っている。それは、和算家安島直円などとは異なり、オランダ語に堪能である志筑忠雄とも異なる。

しかし、『航海宝函』中の三角関数表の冒頭に、漢訳語「八線表」の書き込みがある。「八線表」という名は、『暦算全書』により日本に伝わった。（第五章に論述がある）

「八線表」という用語に比べて、「対数」という用語の使用は、当時まだ定着していない。また、『数理精蘊』系の書籍も当時の学者にあまり知られておらず、あくまでも、『数理精蘊』の影響は大きくないと言えるであろう。

第三節:『航海宝函』中ダウウェス対数表

1. ダウウェス数表の書誌調査

『航海宝函』の後半には、ダウウェスの数表を添付している。『航海宝函』本文については、京都本と仙台本とで異なるが、添付したダウウェスの数表は同じ版本である。

京都本の『数表』の扉頁は以下のようである。

TAFELEN,

BEVATTENDE

DE SINUSSEN，TANGENTEN EN SECANTEN,

Van minuut tot minuut voor ieder boog van het Quadrant，in hunne NATUURLYKE GETALLEN，op een’ Radius van 10.000.000,

BENEVENS DER ZELVER

LOGARITHMEN ;

ALS MEDE

DE LOGARITHMEN DER GEWOONE GETALLEN,

In hunne natuurlyke orde van opvolging,

Van I tot 10, 000.

NIEUWE EN ZEER NAAUWKEURIGE UITGAAVE,

ONDER HET OPZICHT VAN DEN HEER

BERNARDUS JOHANNES DOUWES,

Mathematicus, in dienste van het Ed. Moog. Collegie ter Admiraliteit te Amsterdam, Lid van de Hollandsche Maatschappy der Weetenschappen te Haarlem, en van het Utrechtsche Provintiaale Genootschap van Konsten en Weetenschappen &c.

TE AMSTERDAM,

By GERARD HULST VAN KEULEN, Boek-en Zeekaartverkooper ; Compas- Octant- Graadboog- en Mathematisch-Instrumentmaaker, aan denhoek van de Nieuwe Brug, 1779.❶

上文を日本語に訳すと、以下のようになる。

数表

以下の内容を含む。

半径 1–10.000.000 各象限中分ごとの各弧の正弦線、正切線及び正割線の数値

❶ 『航海宝函』京都本、数表の扉頁

それぞれに対数値を添加

自然数 1－10000 の普通対数値

また、三角関数対数表および対数表の前の頁に、それぞれ以下のタイトルがある。

三角関数対数表：

TAFEL
DER
LOGARITHMEN
VAN DE
SINUSSEN，TANGENTEN
EN
SECANTEN❶

対数表：

TAFEL
VAN DE
LOGARITHMEN
DER
NATUURLYKE GETALLEN
Van 1 tot 10000❷

そのうち、三角関数対数表のタイトルの余白に、日本人の利用者は朱筆で「八線表」と書いた。

実際に、『暦算全書』も『数理精蘊』も、三角関数対数表を「八線対数表」と、三角関数表を「八線表」と呼ぶ。志筑忠雄も、三角関数対数を「三角対数」と呼び、両者の概念を混同していない。

しかし、『航海宝函』京都本の利用者は、「八線対数表」と「八

❶ 『航海宝函』京都本、三角函数表の扉頁

❷ 『航海宝函』京都本、対数表扉頁

線表」との概念を混同した。また、意外なことに、TAFEL VAN DE LOGARITHMEN DER NATUURLYKE GETALLENの余白に、漢訳名「対数」と書いていない。前述のように、『航海宝函』の本文中の書き込みで、蘭名「ロカリト」を使っている。

『航海宝函』京都本中の書き込みの特徴：

①「八線対数表」と「八線表」を混同している。

②「八線表」という用語の使用に対して、「対数」という用語の使用は一度もない。けれども、蘭名「ロカリト」は使っている。その理由としては、漢訳名の使用をわざと避けるというよりも、漢訳書『数理精蘊』などの影響に限界があったというべきであろう。

『航海宝函』京都本の特徴から見ると、対数の受容について、一部分の学者にとっては、蘭書は漢訳書よりもっと知られていると言えるであろう。

しかし、『航海宝函』には、三角関数の用例があるが、普通対数の応用例は一つも挙げられなかった。また、対数の基本公式や対数値の計算法にも触れていない。とはいえ、精確な対数表は載せている。そのことについて、つぎの部分に、詳しく検討する。

2.『航海宝函』中ダウウェス対数表についての考察

『航海宝函』の後半に、ダウウェスの数表を載せている。『航海宝函』が日本に伝わったことは確かだが、単行本のダウウェスの数表は日本に輸入されたかどうか、未だ確定できない。

『航海宝函』本のダウウェス『数表』は、1779年版である（以下『航海宝函』本と称す）。その書誌情報は、上文で紹介した。1776年の単行本のありさまは以下のようになる。（Google booksで公開されているベルギーのヘント大学図書館蔵書より）

単行本の表紙：

TAFELEN,

BEHELZENDE

De SINUSSEN, TANGENTEN,

SECANTEN En SINUS

VERSUS,

Zo in derzelver Natuurlyke gefallen als Logarithmen, van Minuut tot Minuut, voor

ieder boog van het gehegte Quadrant ;

BENEYENS

DE VERGROOTENDE BREEDTEN

in tiende deelen van Minuuten ;

ALS MEDE

de LOGARITHMEN

voor alle getallen van i tot ioioooo ;

(Waarby op ieder blad de verfchillen en derzelver

Propörtionaale deelen gevoegd zyn ; door welke

men de Log. voor alle getalien onder

ioiooooo kan vinden :)

Met

eene verklaaring en voorbeelden van het gebruik

deezer Tafel. .

DOOR

BERNARDOS JOANNES DOUWES,

Adjunct Matbematicus by' t Edel Moog. Collegie ter Admiraliteit te Amslerdam.

Te AMSTERDAM,

By JOANNES Van KEULEN En ZOONEN,

Boek-en Zee-Kaarc-verkoopers, Compasfe-, Odiante,

Graadboog-en Matth. Instrumcntmaakers, op den hoek

van de Nieuwenbrug-Steeg. 1776. ❶

表紙から見れば、この1776年の単行本は、『航海宝函』に収録されたものより、内容が多い。対数表について、『航海宝函』本は1－10000の対数を収録するに対し、1776年単行本は1－1010000の対数を収録している。また、表の形式も異なり、『航海宝函』本は、すべての対数値を直接に列挙したのに対し、1776年単行本は、1から999までの自然数の対数値だけを直接に列挙し、あまりの部分は、直接に列挙をせず、より複雑な対数表になる。以下は1776年単行本の対数表の写真である。（googlebookより）

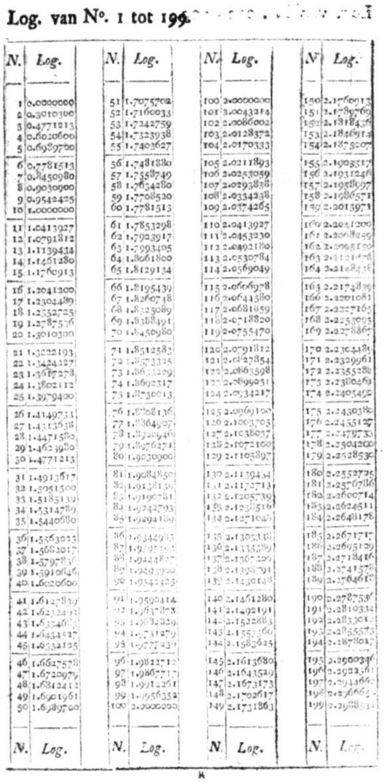

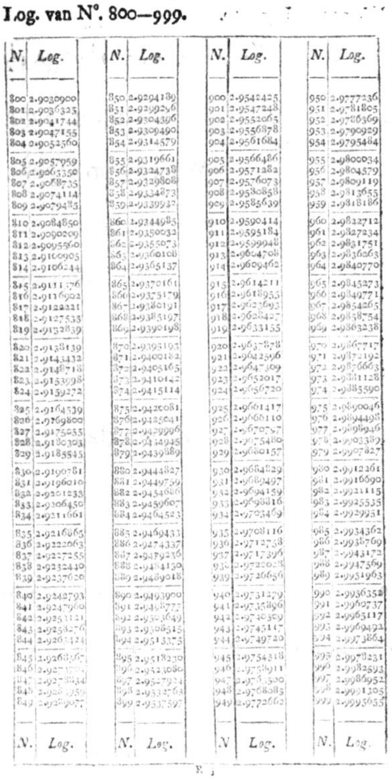

❶　ダウウェス『三角函数表附対数表』（*TAFELEN, BEHELZENDE De SINUSSEN, TANGENTEN, SECANTEN En SINUS VERSUS*）、表紙、1779（googlebookにより）

1000からの表は、999までの表の形式は、明らかに異なる。『航海宝函』本の写真を筆者はそれを一部抄録して、以下に示す。

『航海宝鑑』京都本の対数表 1－1000（抄録）❶

N	Logarith	N	Logarith
1	0	23	1.3617278
2	0.3010300	24	1.3802112
3	0.4771213	25	1.3979400
4	0.6020600	26	1.4149733
5	0.6989700	27	1.4313638
6	0.7781513	28	1.4471580
7	0.8450980	29	1.4623980
8	0.9030900	30	1.4771213
9	0.9542425	31	1.4913617
10	1.0000000	32	1.5051500
11	1.0413927	33	1.5185139
12	1.0791812	34	1.5314789
13	1.1139434	35	1.5440680
14	1.1461280	36	1.5563025
15	1.1760913	37	1.5682017
16	1.2041200	38	1.5797836
17	1.2304489	39	1.5910646
18	1.2552725	40	1.6020600
19	1.2787536	41	1.6127839
20	1.3010300	42	1.6232493
21	1.3222193	43	1.6334685
22	1.3424227	44	1.6434527

❶『航海宝函』京都本、対数表、1ー1000の対数

N	Logarith	N	Logarith
45	1.6532125	74	1.8692317
46	1.6627578	75	1.8750613
47	1.6720979	76	1.8808136
48	1.6812412	77	1.8864907
49	1.6901961	78	1.8920946
50	1.6989700	79	1.8976271
51	1.7075702	80	1.9030900
52	1.7160033	81	1.9084850
53	1.7242759	82	1.9138139
54	1.7323938	83	1.9190781
55	1.7403627	84	1.9242793
56	1.7481880	85	1.9294189
57	1.7558749	86	1.9344985
58	1.7634280	87	1.9395193
59	1.7708520	88	1.9444827
60	1.7781513	89	1.9493900
61	1.7853298	90	1.9542425
62	1.7923917	91	1.9590414
63	1.7993405	92	1.9637878
64	1.8061800	93	1.9684829
65	1.8129134	94	1.9731279
66	1.8195439	95	1.9777236
67	1.8260748	96	1.9822712
68	1.8325089	97	1.9867717
69	1.8388491	98	1.9912261
70	1.8450980	99	1.9956352
71	1.8512583	100	2.0000000
72	1.8573325	101	2.0043214
73	1.8633229	102	2.0086002

N	Logarith	N	Logarith
103	2.0128372	132	2.1205739
104	2.0170333	133	2.1238516
105	2.0211893	134	2.1271048
106	2.0253059	135	2.1303338
107	2.0293838	136	2.1335389
108	2.0334238	137	2.1367206
109	2.0374265	138	2.1398791
110	2.0413927	139	2.1430148
111	2.0453230	140	2.1461280
112	2.0492180	141	2.1492191
113	2.0530784	142	2.1522883
114	2.0569049	143	2.1553360
115	2.0606978	144	2.1583625
116	2.0644580	145	2.1613680
117	2.0681859	146	2.1643529
118	2.0718820	147	2.1673173
119	2.0755470	148	2.1702617
120	2.0791812	149	2.1731863
121	2.0827854	150	2.1760913
122	2.0863598	151	2.1789769
123	2.0899051	152	2.1818436
124	2.0934217	153	2.1846914
125	2.0969100	154	2.1875207
126	2.1003705	155	2.1903317
127	2.1038037	156	2.1931246
128	2.1072100	157	2.1958997
129	2.1105897	158	2.1986571
130	2.1139434	159	2.2013971
131	2.1172713	160	2.2041200

N	Logarith	N	Logarith
161	2.2068259	190	2.2787536
162	2.2095150	191	2.2810334
163	2.2121876	192	2.2833012
164	2.2148438	193	2.2855573
165	2.2174839	194	2.2878017
166	2.2201081	195	2.2900346
167	2.2227165	196	2.2922561
168	2.2253093	197	2.2944662
169	*2.2278868*	198	2.2966652
170	2.2304489	199	2.2988531
171	2.2329961	200	2.3010300
172	2.2355284	201	2.3031961
173	2.2380461	202	2.3053514
174	2.2405492	203	2.3074960
175	2.2430380	204	2.3096302
176	2.2455127	205	2.3117539
177	2.2479733	206	2.3138672
178	2.2504200	207	2.3159703
179	2.2528530	208	2.3180633
180	2.2552725	209	2.3201463
181	2.2576786	210	2.3222193
182	2.2600714	211	2.3242825
183	2.2624511	212	2.3263359
184	2.2648178	213	2.3283796
185	2.2671717	214	2.3304138
186	2.2695129	215	2.3324385
187	2.2718416	216	2.3344538
188	2.2741578	217	2.3364597
189	2.2764618	218	2.3384565

N	Logarith	N	Logarith
219	2.3404441	248	2.3944517
220	2.3424227	249	2.3961993
221	2.3443923	250	2.3979400
222	2.3463530	251	2.3996737
223	2.3483049	252	2.4014005
224	2.3502480	253	2.4031205
225	2.3521825	254	2.4048337
226	2.3541084	255	2.4065402
227	2.3560259	256	2.4082400
228	2.3579348	257	2.4099331
229	2.3598355	258	2.4116197
230	2.3617278	259	2.4132998
231	2.3636120	260	2.4149733
232	2.3654880	261	2.4166405
233	2.3673559	262	2.4183013
234	2.3692159	263	2.4199557
235	2.3710679	264	2.4216039
236	2.3729120	265	2.4232459
237	2.3747483	266	2.4248816
238	2.3765770	267	2.4265113
239	2.3783979	268	2.4281348
240	2.3802112	269	2.4297523
241	2.3820170	270	2.4313638
242	2.3838154	271	2.4329693
243	2.3856063	272	2.4345689
244	2.3873898	273	2.4361626
245	2.3891661	274	2.4377506
246	2.3909351	275	2.4393327
247	2.3926970	276	2.4409091

N	Logarith	N	Logarith
277	2.4424798	306	2.4857214
278	2.4440448	307	2.4871384
279	2.4456042	308	2.4885507
280	2.4471580	309	2.4899585
281	2.4487063	310	2.4913617
282	2.4502491	311	2.4927604
283	2.4517864	312	2.4941546
284	2.4533183	313	2.4955443
285	2.4548449	314	2.4969296
286	2.4563660	315	2.4983106
287	2.4578819	316	2.4996871
288	2.4593925	317	2.5010593
289	2.4608978	318	2.5024271
290	2.4623980	319	2.5037907
291	2.4638930	320	2.5051500
292	2.4653829	321	2.5065050
293	2.4668676	322	2.5078559
294	2.4683473	323	2.5092025
295	2.4698220	324	2.5105450
296	2.4712917	325	2.5118834
297	2.4727564	326	2.5132176
298	2.4742163	327	2.5145478
299	2.4756712	328	2.5158738
300	2.4771213	329	2.5171959
301	2.4785665	330	2.5185139
302	2.4800069	331	2.5198280
303	2.4814426	332	2.5211381
304	2.4828736	333	2.5224442
305	2.4842998	334	2.5237465

N	Logarith	N	Logarith
335	2.5250448	364	2.5611014
336	2.5263393	365	2.5622929
337	2.5276299	366	2.5634811
338	2.5289167	367	2.5646661
339	2.5301997	368	2.5658478
340	2.5314789	369	2.5670264
341	2.5327544	370	2.5682017
342	2.5340261	371	2.5693739
343	2.5352941	372	2.5705429
344	2.5365584	373	2.5717088
345	2.5378191	374	2.5728716
346	2.5390761	375	2.5740313
347	2.5403295	376	2.5751878
348	2.5415792	377	2.5763414
349	2.5428254	378	2.5774918
350	2.5440680	379	2.5786392
351	2.5453071	380	2.5797836
352	2.5465427	381	2.5809250
353	2.5477747	382	2.5820634
354	2.5490033	383	2.5831988
355	2.5502284	384	2.5843312
356	2.5514500	385	2.5854607
357	2.5526682	386	2.5865873
358	2.5538830	387	2.5877110
359	2.5550944	388	2.5888317
360	2.5563025	389	2.5899496
361	2.5575072	390	2.5910646
362	2.5587086	391	2.5921768
363	2.5599066	392	2.5932861

N	Logarith	N	Logarith
393	2.5943926	422	2.6253125
394	2.5954962	423	2.6263404
395	2.5965971	424	2.6273659
396	2.5976952	425	2.6283889
397	2.5987905	426	2.6294096
398	2.5998831	427	2.6304279
399	2.6009729	428	2.6314438
400	2.6020600	429	2.6324573
401	2.6031444	430	2.6334685
402	2.6042261	431	2.6344773
403	2.6053050	432	2.6354837
404	2.6063814	433	2.6364879
405	2.6074550	434	2.6374897
406	2.6085260	435	2.6384893
407	2.6095944	436	2.6394865
408	2.6106602	437	2.6404814
409	2.6117233	438	2.6414741
410	2.6127839	439	2.6424645
411	2.6138418	440	2.6434527
412	2.6148972	441	2.6444386
413	2.6159501	442	2.6454223
414	2.6170003	443	2.6464037
415	2.6180481	444	2.6473830
416	2.6190933	445	2.6483600
417	2.6201361	446	2.6493349
418	2.6211763	447	2.6503075
419	2.6222140	448	2.6512780
420	2.6232493	449	2.6522463
421	2.6242821	450	2.6532125

N	Logarith	N	Logarith
451	2.6541765	480	2.6812412
452	2.6551384	481	2.6821451
453	2.6560982	482	2.6830470
454	2.6570559	483	2.6839471
455	2.6580114	484	2.6848454
456	2.6589648	485	2.6857417
457	2.6599162	486	2.6866363
458	2.6608655	487	2.6875290
459	2.6618127	488	2.6884198
460	2.6627578	489	2.6893089
461	2.6637009	490	2.6901961
462	2.6646420	491	2.6910815
463	2.6655810	492	2.6919651
464	2.6665180	493	2.6928469
465	2.6674530	494	2.6937269
466	2.6683859	495	2.6946052
467	2.6693169	496	2.6954817
468	2.6702459	497	2.6963564
469	2.6711728	498	2.6972293
470	2.6720979	499	2.6981005
471	2.6730209	500	2.6989700
472	2.6739420	501	2.6998377
473	2.6748611	502	2.7007037
474	2.6757783	503	2.7015680
475	2.6766936	504	2.7024305
476	2.6776070	505	2.7032914
477	2.6785184	506	2.7041505
478	2.6794279	507	2.7050080
479	2.6803355	508	2.7058637

N	Logarith	N	Logarith
509	2.7067178	538	2.7307823
510	2.7075702	539	2.7315888
511	2.7084209	540	2.7323938
512	2.7092700	541	2.7331973
513	2.7101174	542	2.7339993
514	2.7109631	543	2.7347998
515	2.7118072	544	2.7355989
516	2.7126497	545	2.7363965
517	2.7134905	546	2.7371926
518	2.7143298	547	2.7379873
519	2.7151674	548	2.7387806
520	2.7160033	549	2.7395723
521	2.7168377	550	2.7403627
522	2.7176705	551	2.7411516
523	2.7185017	552	2.7419391
524	2.7193313	553	2.7427251
525	2.7201593	554	2.7435098
526	2.7209857	555	2.7442930
527	2.7218106	556	2.7450748
528	2.7226339	557	2.7458552
529	2.7234557	558	2.7466342
530	2.7242759	559	2.7474118
531	2.7250945	560	2.7481880
532	2.7259116	561	2.7489629
533	2.7267272	562	2.7497363
534	2.7275413	563	2.7505084
535	2.7283538	564	2.7512791
536	2.7291648	565	2.7520484
537	2.7299743	566	2.7528164

N	Logarith	N	Logarith
567	2.7535831	596	2.7752463
568	2.7543483	597	2.7759743
569	2.7551123	598	2.7767012
570	2.7558749	599	2.7774268
571	2.7566361	600	2.7781513
572	2.7573960	601	2.7788745
573	2.7581546	602	2.7795965
574	2.7589119	603	2.7803173
575	2.7596678	604	2.7810369
576	2.7604225	605	2.7817554
577	2.7611758	606	2.7824726
578	2.7619278	607	2.7831887
579	2.7626786	608	2.7839036
580	2.7634280	609	2.7846173
581	2.7641761	610	2.7853298
582	2.7649230	611	2.7860412
583	2.7656686	612	2.7867514
584	2.7664128	613	2.7874605
585	2.7671559	614	2.7881684
586	2.7678976	615	2.7888751
587	2.7686381	616	2.7895807
588	2.7693773	617	2.7902852
589	2.7701153	618	2.7909885
590	2.7708520	619	2.7916906
591	2.7715875	620	2.7923917
592	2.7723217	621	2.7930916
593	2.7730547	622	2.7937904
594	2.7737864	623	2.7944880
595	2.7745170	624	2.7951846

N	Logarith	N	Logarith
625	2.7958800	654	2.8155777
626	2.7965743	655	2.8162413
627	2.7972675	656	2.8169038
628	2.7979596	657	2.8175654
629	2.7986506	658	2.8182259
630	2.7993405	659	2.8188854
631	2.8000294	660	2.8195439
632	2.8007171	661	2.8202015
633	2.8014037	662	2.8208580
634	2.8020893	663	2.8215135
635	2.8027737	664	2.8221681
636	2.8034571	665	2.8228216
637	2.8041394	666	2.8234742
638	2.8048207	667	2.8241258
639	2.8055009	668	2.8247765
640	2.8061800	669	2.8254261
641	2.8068580	670	2.8260748
642	2.8075350	671	2.8267225
643	2.8082110	672	2.8273693
644	2.8088859	673	2.8280151
645	2.8095597	674	2.8286599
646	2.8102325	675	2.8293038
647	2.8109043	676	2.8299467
648	2.8115750	677	2.8305887
649	2.8122447	678	2.8312297
650	2.8129134	679	2.8318698
651	2.8135810	680	2.8325089
652	2.8142476	681	2.8331471
653	2.8149132	682	2.8337844

N	Logarith	N	Logarith
683	2.8344207	712	2.8524800
684	2.8350561	713	2.8530895
685	2.8356906	714	2.8536982
686	2.8363241	715	2.8543060
687	2.8369567	716	2.8549130
688	2.8375884	717	2.8555192
689	2.8382192	718	2.8561244
690	2.8388491	719	2.8567289
691	2.8394780	720	2.8573325
692	2.8401061	721	2.8579353
693	2.8407332	722	2.8585372
694	2.8413595	723	2.8591383
695	2.8419848	724	2.8597386
696	2.8426092	725	2.8603380
697	2.8432328	726	2.8609366
698	2.8438554	727	2.8615344
699	2.8444772	728	2.8621314
700	2.8450980	729	2.8627275
701	2.8457180	730	2.8633229
702	2.8463371	731	2.8639174
703	2.8469553	732	2.8645111
704	2.8475727	733	2.8651040
705	2.8481891	734	2.8656961
706	2.8488047	735	2.8662873
707	2.8494194	736	2.8668778
708	2.8500333	737	2.8674675
709	2.8506462	738	2.8680564
710	2.8512583	739	2.8686444
711	2.8518696	740	2.8692317

N	Logarith	N	Logarith
741	2.8698182	770	2.8864907
742	2.8704039	771	2.8870544
743	2.8709888	772	2.8876173
744	2.8715729	773	2.8881795
745	2.8721563	774	2.8887410
746	2.8727388	775	2.8893017
747	2.8733206	776	2.8898617
748	2.8739016	777	2.8904210
749	2.8744818	778	2.8909796
750	2.8750613	779	2.8915375
751	2.8756399	780	2.8920946
752	2.8762178	781	2.8926510
753	2.8767950	782	2.8932068
754	2.8773713	783	2.8937618
755	2.8779470	784	2.8943161
756	2.8785218	785	2.8948697
757	2.8790959	786	2.8954225
758	2.8796692	787	2.8959747
759	2.8802418	788	2.8965262
760	2.8808136	789	2.8970770
761	2.8813847	790	2.8976271
762	2.8819550	791	2.8981765
763	2.8825245	792	2.8987252
764	2.8830934	793	2.8992732
765	2.8836614	794	2.8998205
766	2.8842288	795	2.9003671
767	2.8847954	796	2.9009131
768	2.8853612	797	2.9014583
769	2.8859263	798	2.9020029

N	Logarith	N	Logarith
799	2.9025468	828	2.9180303
800	2.9030900	829	2.9185545
801	2.9036325	830	2.9190781
802	2.9041744	831	2.9196010
803	2.9047155	832	2.9201233
804	2.9052560	833	2.9206450
805	2.9057959	834	2.9211661
806	2.9063350	835	2.9216865
807	2.9068735	836	2.9222063
808	2.9074114	837	2.9227255
809	2.9079485	838	2.9232440
810	2.9084850	839	2.9237620
811	2.9090209	840	2.9242793
812	2.9095560	841	2.9247960
813	2.9100905	842	2.9253121
814	2.9106244	843	2.9258276
815	2.9111576	844	2.9263424
816	2.9116902	845	2.9268567
817	2.9122221	846	2.9273704
818	2.9127533	847	2.9278834
819	2.9132839	848	2.9283959
820	2.9138139	849	2.9289077
821	2.9143432	850	2.9294189
822	2.9148718	851	2.9299296
823	2.9153998	852	2.9304396
824	2.9159272	853	2.9309490
825	2.9164539	854	2.9314579
826	2.9169800	855	2.9319661
827	2.9175055	856	2.9324738

N	Logarith	N	Logarith
857	2.9329808	886	2.9474337
858	2.9334873	887	2.9479236
859	2.9339932	888	2.9484130
860	2.9344985	889	2.9489018
861	2.9350032	890	2.9493900
862	2.9355073	891	2.9498777
863	2.9360108	892	2.9503649
864	2.9365137	893	2.9508515
865	2.9370161	894	2.9513375
866	2.9375179	895	2.9518230
867	2.9380191	896	2.9523080
868	2.9385197	897	2.9527924
869	2.9390198	898	2.9532763
870	2.9395193	899	2.9537597
871	2.9400182	900	2.9542425
872	2.9405165	901	2.9547248
873	2.9410142	902	2.9552065
874	2.9415114	903	2.9556878
875	2.9420081	904	2.9561684
876	2.9425041	905	2.9566486
877	2.9429996	906	2.9571282
878	2.9434945	907	2.9576073
879	2.9439889	908	2.9580858
880	2.9444827	909	2.9585639
881	2.9449759	910	2.9590414
882	2.9454686	911	2.9595184
883	2.9459607	912	2.9599948
884	2.9464523	913	2.9604708
885	2.9469433	914	2.9609462

N	Logarith	N	Logarith
915	2.9614211	944	2.9749720
916	2.9618955	945	2.9754318
917	2.9623693	946	2.9758911
918	2.9628427	947	2.9763500
919	2.9633155	948	2.9768083
920	2.9637878	949	2.9772662
921	2.9642596	950	2.9777236
922	2.9647309	951	2.9781805
923	2.9652017	952	2.9786369
924	2.9656720	953	2.9790929
925	2.9661417	954	2.9795484
926	2.9666110	955	2.9800034
927	2.9670797	956	2.9804579
928	2.9675480	957	2.9809119
929	2.9680157	958	2.9813655
930	2.9684829	959	2.9818186
931	2.9689497	960	2.9822712
932	2.9694159	961	2.9827234
933	2.9698816	962	2.9831751
934	2.9703469	963	2.9836263
935	2.9708116	964	2.9840770
936	2.9712758	965	2.9845273
937	2.9717396	966	2.9849771
938	2.9722028	967	2.9854265
939	2.9726656	968	2.9858754
940	2.9731279	969	2.9863238
941	2.9735896	970	2.9867717
942	2.9740509	971	2.9872192
943	2.9745117	972	2.9876663

N	Logarith	N	Logarith
973	2.9881128	988	2.9947569
974	2.9885590	989	2.9951963
975	2.9890046	990	2.9956352
976	2.9894498	991	2.9960737
977	2.9898946	992	2.9965117
978	2.9903389	993	2.9969492
979	2.9907827	994	2.9973864
980	2.9912261	995	2.9978231
981	2.9916690	996	2.9982593
982	2.9921115	*997*	*2.9986951*
983	2.9925535	998	2.9991305
984	2.9929951	999	2.9995655
985	2.9934362	999	2.9995655
986	2.9938769	1000	3.0000000
987	2.9943172		

『航海宝函』中の対数表のうち、注意を払うべきところは、169 の対数値を 2.2278868 と、997 の対数値を 2.9986951 と誤っていることである。ほかの 998 個の数値について、筆者は電子計算機による計算結果と 1776 年単行本および京都本の数値とを比較し、すべて精確であることを確認した。

しかし、それより 3 年早い、1776 年の単行本は、169 の対数値を 2.2278867 と、997 の対数値を 2.9986952 と、正しく載せている（上に掲載した単行本の写真で確認できる）。

『航海宝函』の誤差は、製版する際に生じたと考えられるであろう。

両版本の差異は、『大測表』などの日本の早期対数表の典拠を考察するための一つの手がかりになる。

3.『航海宝函』中の対数に関する例題

『航海宝函』に、普通対数の定理およびその応用例は一切ないけれども、三角函数対数の用例がある。

そこから二つの例題を抄録し、以下に掲げる。

一例：

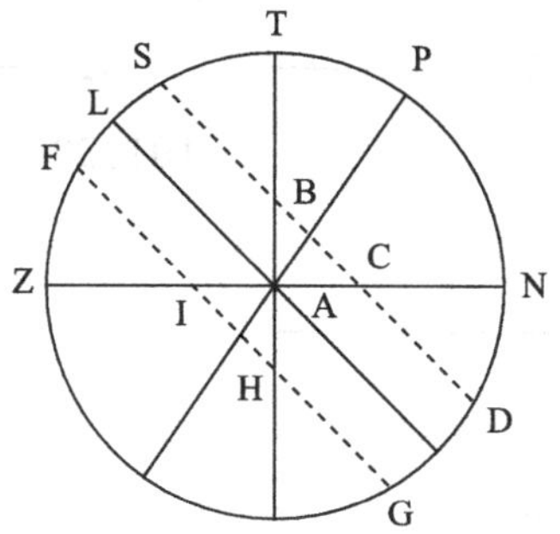

Voorbeeld. Anno 1782. den 20 Mei, op 42 graden 30 minuuten Noorder Breedte, begeerd men te weeten hoe veel de Son buiten' t Oostop, of buiten' t west ondergaat ?

Antwoord ; 27 graden 44 minuute benoorden' t Oost op, en benoorden' t west onder.

OPLOSSING

REGEL

Logarithmus Radius.

Tot Sinus Logarithmus, van de Sons-Declinatie (AB) . Alzo Secans Logarithmus, van de Pools-hoogte (Hoek BAC) .

Tot Sinus Logarithmus, 20 veel de Son buiten het Oost op komt , of buiten het West ondergaat (AC) .

REGEL

Sinus Logarithmus, Complement van de Pools-hoogte Hoek (ACB) .

Tot Sinus Logarithmus Sons-Delinatie (AB) Alzo Logarithmus Radius.

Tot Sinus Logarithmus，20 veel de Son buiten’t Oost，op komt of buiten’t westondergaat（AC）

Logarith. Tot Sin. Logar.；also Sec. Log. Sin. Log.Son Radius.Sons-Declin.Pools-hoogte.voor of na 6 uur.

	gr.	min		gr.	min
1000000 —	20 —	4	———	42 —	30
	953544			1013237	
	1013237 add				
	1966781				
	1000000 fub				

komt 966781 Sinus Logarithmus van 27 graden 44 minuuten voor AC 20 weel de Son benoorden het Oost moet op en benoorden’t west moet ondergaan，omdat de Son Noorder-Declinatie heest；doch als zy Zuider-Declinatie hadde，zon ze 20 weel bezuiden’t Oost op en bezuiden’t West ondergaan.❶

又一例：

Voorbeeld. Van een schees-hoekigen Klootschen Driehoek ABC bekend zynde：alle dedrie Zy den als AB 79 graaden 52 minuuten，BC 25 graaden 50 minuuten；Vrage naar een van de hoeken，namelyk den hoek B ? Antwoord，den hoek B 56 graaden 46 minuuten.

Om een van de Hoeken te vinden，is de

REEGEL

Men telt de drie zyden te zaamen，En deelt die Som door 2，dan bekomt men de

❶『航海宝函』京都本、pp351 ― 352

halve Som. Men trekt van deeze halve Som, de beide zyden tus-schen welke den begeerden hoek staat , ieder afzonder-lyk af,

En telt de Sinus Logarithmus van deeze beide resten en de dubbelde Logarithmus Radius by elkander ;

Ook telt men de Sinus Logarith Van de beide zyden, welke den begeerden hoek bevatten, by elkander ;

Deeze moet men , van die som, welke de Logarithmus der beide resten en de dubbelde Radius uilmaaken, aftrekken.

En de rest door 2 deelen, dan geeft den halven begeerden hoek ; deeze 2 maal genoomen 20 bekomt men den geheelen begeerden hoek.

SCHATKAMER OF TE

OPLOSSING

	gr.	min.	
AB	79 —	52	
BC	25 —	50	add
AC	66 —	50	

Som derdrie Zyden	172 — 32				
Gedeeld door 2)			gr. min.		
	86 16	halve Som	86 — 16	atg	
de Zyde AB	79 52	de Zyde BC	25 — 50		
1ste rest	6 — 24	2de rest	60 — 26		

		gr.	min.		
Logarithmus Sinus	AB	79	— 52	9.9931720	add
Logarithmus Sinus	BC	25	— 50	9.6392422	
Som. Log. Sinus der beide Zyde				19，6324142	

	gr.	min.		
Logar.Sinus 1ste rest	6	— 24	9.0471538	add
Logar.Sinus 2de rest	60	— 26	9.9394105	
dubbelde Logar. Radius			20.0000000	

---

van deeze Som	38.9865643	
moet de Som der Logar. Sinus van		
AB en BC，zynde Sinus van	19.6324142	af

---

deeze rest	19.3541501	
gedeeld door	2)————	
geest	9.6770750	dit in

dit in de Sinus Logar. Opzoekende；vind men Logarithmus Sinus van 28 graaden 23 minuuten，gelyk den halven hoek B：welke tweemaal genoomen，56 graaden 46 minuuten geest，zynde de grootheid van den hoek B：

Nu zoude men de andere hoeken，volgens de ordinaire vorige Reegelen kunnen vinden.❶

上に抄録した『航海宝函』中の例題は、三角函数対数を応用して計算を行っている。とはいえ、これらの例題の算式からは、対数の応用法を

❶ 『航海宝函』京都本、pp437 ～ 438

見出しがたい。だが、もし対数を使用せず、ただの三角函数法で解答を知るなら、仮数の加減が真数の乗除に当たるとはわかる。つまり、加減を以て乗除に代えることができる。

第四節：本多利明『大測加減代乗除表』典拠考

1.『大測加減代乗除表』の書誌調査

前述した研究史にも述べたように、本田利明の『大測表』は、日本最古の対数表である。その典拠について、『明治前日本数学史』はダウウェスの対数表としていた（書中の蘭語を根拠とした判断）。そのほかの先行研究は、『大測表』の典拠に触れていない。しかし、『明治前日本数学史』にも、詳しいの検討はない。

『大測表』の第三巻は『大測加減代乗除表』であり、すなわち対数表である。

本論は、『大測加減代乗除表』を研究対象とする。その典拠を考察する前に、まず、書誌情報を見よう。

『大測加減代乗除表』には、二つの版本がある。一つは、本多利明の著書『大測表』の巻三として収録されている。一つは、本多利明の弟子である坂部広胖の著書『算法点竄指南録』に収録されたものである。

両者の内容には、若干異なるところもある。

九州大学図書館の蔵書目録には、『大測表』の初版というタイトルを載せているが、❶所在は不明である。また、千葉県立図書館房総数学文庫に写本一点を所蔵している。本論は、これに基づいて論述を行う。

房総本の『大測加減代乗除表』の書誌情報は以下の通りである。

---

❶『国書総目録』、岩波書店、1989～1991（大測表で検索）

表紙：大測加減代乗除表　三
構成：前半は対数の応用法および例題。

後半は、対数表。表の扉頁に、また「大測加減代乗除表」というタイトルが書かれている。余白に、対数表に対する以下のような説明がある。

真数ト仮数ト相対テ横列セリ。真数ハ一ヨリ起テ一万ニ至ル。真数仮数トモニ左ヲ数ノ首トシ右ヲ数ノ尾トス。布算ニ便ナル故ナリ。其用法真数ノ代ニ仮数ヲ使。大数ノ用ハ位ヲ進メ、小数ノ用ハ位ヲ退ケ。八線対数ト互通。乗除開方ノ技ヲ助ケルナリ。[1]

前半の応用法および例題は、漢文で書かれたものである。対数を応用しての乗法、除法と開方の計算方法を論じている。『数理精蘊』や『数理精蘊補解』の文体にすこぶる似ている。

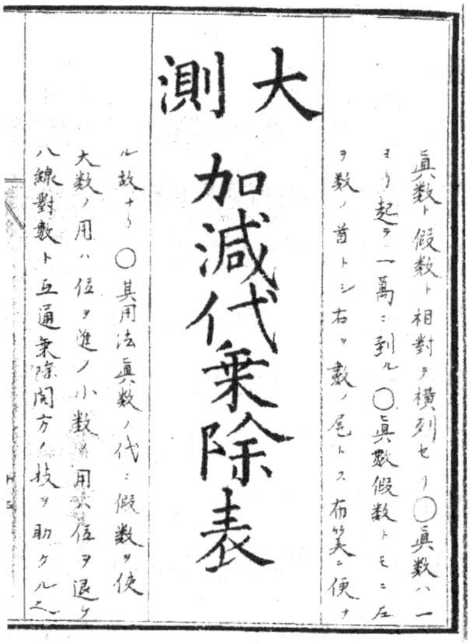

（前図は表紙、後図は対数表の扉頁。写真は千葉県立図書館房総数学文庫電子版より再撮影）

---

❶ 『大測加減代乗除表』（房総本）、後半対数表の扉頁

『大測加減代乗除表』の対数表には、以下の二点の特徴がある。

①『数理精蘊』の11桁表と異なり、『大測加減代乗除表』はダウウェスの対数表と同じく、7桁表になっている。

②『数理精蘊』の対数表の版式は、伝統的な東洋の出版物と同じく、右から開けるものである。それに反して、『大測加減代乗除表』は、西洋の版式を取っている。ただ、装丁する際、東洋式のように装丁した。よって、『大測表』の表を読むならば、最初に来るのは、表の最後の部分になる。表の最初の部分は、装丁上の原因で、最後のところにある。

その二点から見ると、『大測加減代乗除表』の形式は、著しく『数理精蘊』と異なり、ダウウェスの対数表と同じである。

2.『算法点竄指南録』中の「加減代乗除表用例並小表」

『算法点竄指南録』は刊本であるため、所蔵はより多い。本論は、京都大学付属図書館の岡島伊八寄贈和算書コレクション中の『算法点竄指南録』に基づき、論述を行う。

京都大学付属図書館の岡島伊八寄贈和算書コレクション中の『算法点竄指南録』は、計15巻、5冊で構成され、文化年間のものである。書誌情報は以下の通りである。

書名:『算法点竄指南録』

表紙の裏頁に:坂部中岳先生著

馬場貢湖先生訂

尾陽　東壁東堂蔵

を書かれている。❶

巻一の前に、文化十二年乙亥秋七月吉田源秀の序文

文化十一歳在甲戌黄鐘令吉之辰関流宗統五伝日下誠の序文

文化十一年甲戌十月貢湖馬場正督董卿の序文

❶『算法点竄指南録』、表紙の裏頁

文化七年庚午冬関流五伝算学坂部広胖の自序

がある。❶

第四冊巻之十二のうちに、「加減代乗除表用例並小表」が収録され、対数の由来、1～100および200～300の間の一部の自然数の対数表、対数表用例の三つの部分により構成されている。「加減代乗除表用例並小表」の図書情報は以下の通りである。

タイトル：番外　加減代乗除表用例並小表

タイトルのつぎには、対数の由来を述べる以下のような文がある。

夫加減代乗除表、対数表或仮数表等云、蘭名ロガリチムと云といふは真数と其数に対する仮数といふものあり、右の表るるては術定を示すがごとし。故に其表の内、少ししばり　を爰に著して其用法をしめす。乗除を初として兵方立法等n開除にいたる迠、皆加減にて得る妙法なり。すせ算の少しも出来る人は、此表の用法を能会得する時は、天文推歩地理渡海等のむづかしき術にいたる迠もたやすく得るの表にて、労を拯の表なれども、しる人稀なるは、ただ我書す、印行になきゆへなり、若此表を写んと思ふ人は、予がわをただくべし。詳なる用法をそへ、貸与ふべきなり。❷

つづいては、「加減代乗除表」になる。❸

そのつぎには、「加減代乗除表」の用法がある。❹

3. 本多利明、坂部広胖と安島直円、日下誠の学統関係

日下誠は、安島直円遺稿『不朽算法』（対数表製法および対数の応用法がある）を整理した人物である。坂部広胖『算法点竄指南録』に収録さ

❶ 『算法点竄指南録』、序文

❷ 『算法点竄指南録』第四冊、巻之十二、十一丁目

❸ 『算法点竄指南録』第四冊、巻之十二、十一丁目ー十四丁目

❹ 『算法点竄指南録』第四冊、巻之十二、十四丁目ー十九丁目

れた本多利明「加減代乗除表」は、日本初のオランダ系の対数表として知られている。

これまでの研究において、対数を論じる際、安島直円、日下誠師弟と本多利明、坂部広胖師弟とは別々に論述される。その代表的研究として『明治前日本数学史』がある。『明治前日本数学史』は、安島直円の対数には『数理精蘊』の影響があるはずであるが、『数理精蘊』の輸入時期はまだ不明であるゆえ、安島は独自に対数を研究した可能性も高いと論じ、「安島の対数」を漢訳書の影響という章節にいれた。『明治前日本数学史』はまた、本多師弟の業績を蘭書の影響という章節にいれた。本多師弟と安島師弟の業績が全く無関係のように扱っている。また、安島の対数の由来についても疑問符を付した。

確かに安島の『不朽算法』の序文には、「西洋より伝わる」❶と書いており、それに、安島師弟はオランダ語ができなかったゆえ、容易に人に漢訳書『数理精蘊』の参照を連想させる。

だが、坂部広胖『算法点竄指南録』に、日下誠の序文がある。それだけでなく、坂部広胖の自序やそのほかの序文などにも、坂部広胖、日下誠、本多利明、安島直円の四人の関係を明確に述べられている。

つまり、①その四人は、学統的な関係がある。②坂部広胖は、本多利明の弟子でもあり、安島の学門にも入った。③坂部広胖と日下誠は親友である。

『算法点竄指南録』の序文を引用して、その４人の関係を分析しよう。

日下誠は、序文で坂部広胖との友情をつぎのように述べた。

> 有如斯人閑夫子之謂歟。人能弘道道非弘人、広胖子之謂歟。誠陋浅得算僻、党於所好平庶、楽同好士所徵之。誠之於阪部氏也、為唇歯之友、以故述鄙。衷弁巻首云。❷

❶ 『不朽算法』、序文

❷ 『算法点竄指南録』、序文

日下誠の序文にでは、日下誠は坂部広胖を「唇歯之友」と称している。

馬場貢湖は、序文で坂部広胖と、安島直円および本多利明との関係をつぎのように述べている。

> 貢湖氏曰、我数学之始祖関自由亭先生。四伝而以至本多北夷齋先生及安嶋南山先生。粤阪部中岳氏者、従北、南二先生。遂受算伝統。蓋我本邦数学至於精密者、自関先生一源、妙術之枢軸始矣。[1]

馬場貢湖の序文により、坂部広胖と安島直円および本多利明との師弟関係が、明らかになる。

坂部広胖は、自序により詳しい師弟関係を以下のように述べている。

> 算乃人之根本。知書不知算法、如臨暗室、昏昏とす。先賢の格言、人□て、僅に是を学すして可ならんや。予此学に志す事、今に三十年。其れ算学知恵の海と云小冊を市に得て、是を翫ひてより以来、和漢算法、古今算法、天元録等の書を熟読して、粗天元の大意を得るといへども、未だ心に快こばず。別に一理貫通の法あろんと常に是を思ふ事。年あり何の時、関夫子の門流北夷先生に遇ふて、是を尋るに、点竄法なるもの克其理を明にすとわかて、手の舞足の踏事をしらず。直に従侍して、□礼を学ぶ。先生の弟子を教る・達大量にして、束脩以上あへて拒ます。秘術奥旨当といへども、隠す事なき。其両端を叩て泮る（筆者注：とけるとよむ）とす。故に期ならずしても、壺堘を得るに似たりこと。其道統南山先生、篤実の招子にして、能関夫子の道をあり。其術精密詳審、最古今未発の妙術を得る事多し。予是に従遊しても、足らさずのを補める。苟も此両先生に遇ふにあらずんば、いかんぞ、此道を得教事あらんや。夫近世

[1] 『算法点竄指南録』、序文

算法の書、日月競出、奇題妙術挙て算ふべからず。各其奇巧を貴す。然りといへども、皆も術の渕原を秘して□□□とす。其師を求て学ぶにあらざれば、容易に術原を極む事あらず。都会の人は、師を求むに易しといへども、辺鄙のの徒或公敕、定省、暇日なり、術を求て面のあさり、其伝を更る事、能はざる者あらん。予爰に於て、関夫子の遺訓にもとつひて、其題を得て□□□術を□□□。術原を求るの法を詳にす。所謂点竄、是なり。帰除開方の浅技あり、天元演段諸約翦管招差角術円理等の深術にいたるまで、此点竄に因ざる事なし実に関夫子吾朝開闢の妙技、算家の良法なり。此に於て、貿買、貰貸、耕斂の類より起て、方円を極む題に至るまで、南北先生所考慮妙旨且予の憶見発明の新法を加へ集て、十五巻とす。号して点竄指南録といふ。初学の士、此書に因て道に至るの一助とならん事をこいねがう而已。

文化七年庚午冬関流五伝算学坂部広胖自序

俗称

中岳　　坂部勇左衛門[1]

坂部広胖の自序により、坂部広胖は最初に本多利明のもとで勉学し、その後安島直円の門に入ったことが明らかになる。対数への関心という問題について、本多利明と安島直円とはつながっていると考えてよいと思う。何故かというと、坂部広胖の著書中の対数は本多利明から伝えたのである。坂部広胖はのち安島の門に入った。師としての安島直円は、弟子の坂部広胖の知識背景や学問分野などを把握していないはずがない。また安島直円最初の対数書『真仮数表』には、対数の応用法がないが、歿後の遺稿『不朽算法』に、対数用法を詳しく論じた。しかも、本多利明『大測表』に似ている。

[1] 『算法点竄指南録』、序文

4.『大測加減代乗除表』の対数表部分の典拠考

これまでの先行研究のうち、具体的に本多利明の『大測加減代乗除表』の典拠について詳しく研究したものはない。

『大測加減代乗除表』は、二つの部分によって構成される。本論は、まず「対数表」の典拠を考察する。

『大測加減代乗除表』のスタイルは、著しく『数理精蘊』の対数表と異なる。『大測加減代乗除表』は7桁、10000❶までの表であり、『数理精蘊』の対数表は10桁100000までの表である。また、その対数値にも差異がある。169の対数について、『大測加減代乗除表』は「二、二二七八八六八」❷とし、『数理精蘊』は「二、二二七八八六七〇四六」❸としている。『数理精蘊』の数値を四捨五入しても『大測加減代乗除表』の「二、二二七八八六八」に一致しない。

---

❶『明治前日本数学史』(第五巻、p451)には、『大測表』の対数表は「1～10010」の表であると述べている。本論文の利用した房総本の表も確かに「1～10010」の表であるが、『大測加減代乗除表』の扉ページに、明確的に「真 数ハ一ヨリ一万ニ到ル」と記している。よって、『大測加減代乗除表』の対数表の底本は、「1～10000」の表であると判断する。しかし、現存の『大測加減代乗除表』写本は「1～1 0010」の表になったのは、表の最後のページの整斉のためである。「10001～100 10」の対数値は、『航海宝函』には載せていないが、それらの数値は10000までの対数 値より計算できる。以下のように推測できある。

本多利明本人あるいは写本の写し手は、9000以後連続した二つの真数の対数値の差は0.0000434になること(全部ではないが、0.0000434の頻度が非常に高い。)を発見し難しくない。(筆者も『大測加減代乗除表』の対数値の正否を確認する際に、その規 律性を発見した。)『大測加減代乗除表』の「10001～10010」の対数値のうち、1 0002を除外して、すべて前真数の対数値と「0.0000434」と相加して得た数値で ある。10002についても、もともと、この方法で計算したことがあったが、その計算結果 は5001の対数値と2の対数値と相加して得た数値と一致しないため、5001と2の対数 値の相加した結果をもって、修正したと思う。

「10001～10010」の十個の対数値を増補した人は、本多利明である可能性もあり、あとの写し手である可能性もある。だが、あとの写し手の可能性は高い。もし本多利明は『大 測加減代乗除表』を著す際、「10001～10010」の対数値を増補したとすれば、その 扉頁においても「真数ハ一ヨリ一万零一十ニ到ル」と書くはずである。

よって、扉頁の記述を根拠として、『大測加減代乗除表』は、元々「1～10010」であ ると判断する。

❷『大測加減代乗除表』(房総本)、表

❸『数理精蘊』、表巻五之一

また、997の対数について、『大測加減代乗除表』は「二、九九八六九五一」❶とし、『数理精蘊』は「二、九九八六九五一五八三」❷としている。『数理精蘊』の数値を四捨五入にしても『大測加減代乗除表』の数値に一致しない。

筆者は、電子計算機で1000以内の対数値を計算した結果、『大測加減代乗除表』中の169および997の対数数値は誤っており、ほかの数値は正しいとわかった。❸169と997の対数数値の誤りは、本多利明らの数学計算の精密度にやや影響をもたらすけれども、『大測加減代乗除表』の典拠を探ることに、手かがりを供与してくれた。

---

❶ 『大測加減代乗除表』(房総本)、表

❷ 『数理精蘊』、表巻五之一

❸ 房総本『大測加減代乗除表』は写本である。実は、該本の「1～1000」対数値のうち、間違っている数値は、「169」と「997」以外もあるが、すべて字形の似た数字の誤写または、欠字になる。それらの真数および仮数は以下の通りである。

真数	仮数（写本中）	正確値
八一	一　九〇八四八三〇	一　九〇八四八五〇
一五六	二　一九三一二四	二　一九三一二四六
三七三	二　五七一七〇八	二　五七一七〇八八
三五一	二　五四五三　七一	二　五四五三〇七一
四二九	二　六三二四五五三	二　六三二四五七三
四七八	二　六七九四二七七	二　六七九四二七九
五九〇	二　七七〇八五一〇	二　七七〇八五二〇
五九八	二　七七六七〇一三	二　七七六七〇一二
六一六	二　七八九五八一七	二　七八九五八〇七
八一三	二　九一〇〇七〇五	二　九一〇〇九〇五
八八二	二　九四五四六八六	二　九四五四〇八六

以上。

上記の「八一」、「四二九」、「四七八」、「五九〇」、「六一六」、「八一三」、「八八二」は、すべて最末尾の数字が誤ったのではない。なかに、一個数字が間違って、その前後の数字はすべて正しい。このようなありさまになった理由は、書き間違えたしかないのである。(計算が誤った可能性がない。しかも、誤った数字はすべて、「五」と「三」、「五」と「七」、「七」と「九」(二回)など見間違えやすい漢数字である。)

「一五六」、「三七三」、「三五一」は欠字。その理由は、房総本の底本は当該ところの字は判読できないはずである。

最末桁は書き間違えたのは、「五九八」一個しかない。それは、「二」を「三」と書き間違えた。「五九〇」も「二」を「一」と書き間違えた。この二つの数字はとても近いため、この部分を写す際、写し手は身神的に見間違えやすい状態に落ち込んでいると思う。(上記の誤りも400～600前後に集中している。)「五九八」と「五九〇」の前の数字も後の数字も、「一、二、三」を書き間違えたことはない。よって、997の対数値の誤りは写し手の書き間違えではなく、底本の誤りをそのまま写したものであると判断する。

前述の通り、『航海宝函』に収録された対数表にも、二点の誤りがあり、まさに169と997である。本多利明『大測加減代乗除表』の数値と同じである。

『明治前日本数学史』の論述の通り、『大測表』には、蘭語が書かれている。本論の考察を加えれば、本多利明『大測加減代乗除表』の典拠は、間違いなく『航海宝函』であると明らかになる。

5.『大測加減代乗除表』の用例の典拠考

『大測加減代乗除表』には、また対数の用例がある。用例は、三つの部分により構成され、つまり乗算、減算と開方である。

前述の通り、『大測加減代乗除表』の対数表の典拠は『航海宝函』である。しかし、『航海宝函』には、対数の用例に関する内容はない。『大測加減代乗除表』の対数用例の典拠は何であろうか。これまでの研究では、この問題に触れていない。

『大測加減代乗除表』の対数表の典拠が、『航海宝函』であることで、『大測加減代乗除表』全体の典拠も、『航海宝函』であると誤解しやすい。

まず、一つの見落としやすい点がある。『大測加減代乗除表』では、「ロガリチム」というオランダ語の名称にも言及しているが、全体的には漢訳名「真数」、「仮数」を使用している。

用語について、もう一点の疑問も残る。『大測加減代乗除表』は、「真数」、「仮数」を使用し、また序文で「八線対数」（三角函数対数）にも言及している。しかし、対数表を「加減代乗除表」と名付け、『数理精蘊』のように「対数表」と呼称しなかった。

まとめると、以下の二点の疑問が残る。

①「真数」、「仮数」などの漢訳名は、何の書籍から得たのか。

②「真数」、「仮数」更に「八線対数」という名称も使用するが、何故「対数表」という漢訳名を使用しないのか。

「八線対数」という名称は、『暦算全書』により知ったと考えられる。『暦算全書』は18世紀後半に、すでに日本に入った。本多利明とほぼ同時代の志筑忠雄も『暦算新書』で、『暦算全書』と「八線対数」に言及している。つまり、「八線対数」の概念は、18世紀末に日本の学者によく知られていた。しかし、『暦算全書』に、普通の対数の内容はない。換言すれば、「八線対数」という名称が、よく知られていたと違い、普通の対数の漢訳名「対数」は、まだ学者に知られていなかった可能性がある。その根拠は以下の三点がある。

①『航海宝函』京都本の書き込みに、「八線表」などの漢訳名があるが、「対数」はない。かえって、『航海宝函』の対数表のところに、蘭名「ロガリチム」が書き込まれている。

②『不朽算法』に、漢訳名「真数」、「仮数」があるが、「対数」という名称は一度も使用していない。安島直円は対数を「配数」と名付けた。

③『大測加減代乗除表』にも、同じく「真数」、「仮数」、「八線対数」などの漢訳名があるが、普通の対数を指す「対数」という漢訳名はない。

よって、普通の対数の漢訳名である「対数」という語は、まだ18世紀の学者に知られていない可能性は非常に高い。まさに「対数」という名称を知らないから、『航海宝函』京都本、『不朽算法』、『大測加減代乗除表』に、各々異なる名称が現れた。仮に、「八線対数」と混淆することを避けるため、「対数」という漢訳名を捨てても、当時の学者の慣例（例えば、『大測加減代乗除表』に「蘭名ロカリチム」❶という説明がある）で、「又漢名対数」という説明を書くはずである。しかも、以上の三つの書籍において、期せずして同時に「対数」を不使用にした可能性は低い。

対して、『数理精蘊』の「表巻五之一」に、明確的に、対数表を「対数表」❷と命名した。「対数」の訳名という点から見ても、18世紀に『数理精蘊』

❶ 『算法点竄指南録』第四冊、巻之十二、十一丁目

❷ 『数理精蘊』、表巻五之一

はまだ日本に伝わっていなかったとわかる。

しかし、「真数」、「仮数」、「対数」はセットになる名称である。何故、本多利明や安島直円は、「真数」、「仮数」を知っていたのに、「対数」は知らなかったのか。『航海宝函』に対数の用例・用法がなく、加えて本多利明は漢訳名を使用していること、『大測加減代乗除表』の用例は別の典拠があると考えられる。

解答を探るため、いま一度朝鮮書『数理精蘊補解』を『大測加減代乗除表』に比較して検討する。

『数理精蘊補解』のうち、対数の部分には、「真数」、「仮数」という用語があり、「対数」という用語がない。その点は、『不朽算法』や『大測加減代乗除表』とも同じである。

『大測加減代乗除表』は、対数用語が『数理精蘊補解』と一致したのだけでなく、対数の用例も『数理精蘊補解』と同じである。

以下、両書の用例を比較する。

『大測加減代乗除表』の用例は多いため、その一部のみ以下に抄録する。

> 加法：
> 今有名甲乙、只云甲数若干、乙数若干、問相乗而得数如何。❶
> 仮如甲数四、乙数六四、答曰相乗数二百五十六。❷
> 除法：
> 今有実法数。只云実数若干、法数若干。問以法除実得商如何。❸
> 仮如実数六十四、法数四。答曰得商一十六。❹
> 開方：
> 今有積若干、問若干乗方開之、見商幾何。❺

❶『大測加減代乗除表』（房総本）、「加減代乗除表用法」、一丁目
❷『大測加減代乗除表』（房総本）、「加減代乗除表用法」、二丁目
❸『大測加減代乗除表』（房総本）、「加減代乗除表用法」、三丁目
❹『大測加減代乗除表』（房総本）、「加減代乗除表用法」、四丁目
❺『大測加減代乗除表』（房総本）、「加減代乗除表用法」、八丁目

仮如有積一百四十四問平方開之見商。答曰見商一十二。❶

『数理精蘊補解』の例題を以下の通りである。

如有十二人、毎人給銀四両五銭。問共銀幾何。

如有米四百八十石、価銀七銭五分。問共価幾何。

如有銀五百一十二両、令三十二人分之。問毎人幾何。

如有米四十二石、令六十人分之。問毎人幾何。❷

『大測加減代乗除表』の用例と『数理精蘊補解』の例題とを比較すると、両書の語句は同じであるとわかる。ただ、『数理精蘊補解』の例題は実用的なものであり、『大測加減代乗除表』の用例は、一般数学問題にである。とはいえ、対数の応用方法という点において、両書は同じである。両書とも、以下の対数公式を応用する。

$$\lg(a \cdot b) = \lg a + \lg b$$

$$\lg\frac{a}{b} = \lg a - \lg b$$

$$\lg(a)^{\frac{n}{m}} = \frac{n}{m}\lg a$$

また、除法と開方の公式は、乗法公式から導ける。

『大測加減代乗除表』の用例の部分は、すべて漢文で書いている（表の部分は和語）。使用した用語と文体スタイルと応用した対数公式の三つの点において、『大測加減代乗除表』と『数理精蘊補解』とは一致する。

よって、『大測加減代乗除表』の用例の典拠は、『数理精蘊補解』である可能性がある。しかし、実際には『数理精蘊』巻三十八中の対数用法の例題の語句も、『数理精蘊補解』および『大測加減代乗除表』に似ている。

つまり、『大測加減代乗除表』の用例の典拠は、『数理精蘊』巻三十八である可能性も暫く排除できない。けれども、『大測表』は、「加減代乗

❶ 『大測加減代乗除表』（房総本）、「加減代乗除表用法」、九丁目

❷ 『数理精蘊補解』、「仮数尺度法用法」

除表」以外に、「八線表」および「八線対数表」という巻名がある（『数理精蘊』の用語と一致する）。もし、本多利明は『数理精蘊』巻三十八を読んだとすれば、一貫して常用対数表の巻も漢訳名「対数表」と名付けるはずである。『数理精蘊』は巻三十八全編において、「対数」という名称を使用している。用語の使用という点から、『数理精蘊』を排除できる。

『大測加減代乗除表』の用例の典拠として、『航海宝函』と『数理精蘊』は排除できる。しかし、『数理精蘊補解』は、どのように日本に輸入され、本多利明はこの本を手に入れたか、まだ明らかの証拠がない。

『数理精蘊補解』が、『大測加減代乗除表』の用例の原典であるということは、必ずしも断言できないけれども、少なくとも、『数理精蘊補解』に似た他の『数理精蘊』の補解類書籍である可能性がある。だが、18 世紀において、『数理精蘊補解』のような、対数に論及した他の補解類書籍は、未だ見つけられていない。だから、もし『大測加減代乗除表』は、『数理精蘊』にかかわるとすれば、その典拠は、『数理精蘊補解』である可能性が高い。

もう一つの可能は、以下の手かがりに示唆されている。

『大測加減代乗除表』の表の序文に、以下の叙述がある。

> 其用法真数ノ代ニ仮数ヲ使。大数ノ用ハ位ヲ進メ、小数ノ用ハ位ヲ退ケ。八線対数ト互通。❶

注意を払うべきところは、「八線対数ト互通」である。つまり、本多利明は、対数表と八線対数表との関係をはっきりと知っている。「八線対数ト互通」した上、二種の表の用法も同じである。よって、本多利明は「八線対数」を詳しく論じた『暦算全書』の八線対数の用法から、対数の用法を導いた可能性も高い。また、「対数」という名称は、すでに八線対数に配ったうえ、本多利明は勝手にロカリチムを「対数」と名付けなかく、

❶ 『大測加減代乗除表』（房総本）、表の扉頁

慎重に実際の意味から、「加減代乗除表」と名付けた。

要するに、『大測加減代乗除表』の用例部分の典拠について、以下の結論がまとめられる。

①『数理精蘊補解』のような『数理精蘊』の補解書である。（用法を論じたが、対数という名称に言及しなかった。）

②『暦算全書』の八線対数表用法から、本多利明が思考を加えて、対数の用法を得た。

③『数理精蘊』および『航海宝函』は、その典拠に当たらない。

小　括

蘭書による対数の受容という問題について、これまでの研究は、本多利明の『大測加減代乗除表』が最古のものであると認識している。その理由は、『大測表』巻5「七向表、東西表」に、Streek tafelという蘭語の書き入れがあるという間接的な根拠が存在するからである。『大測表』の巻2『大測加減代乗除表』の典拠が蘭書である直接的な根拠には、これまでの研究書は論及していない。筆者は蘭書『航海宝函』京都本に対して書誌的調査研究を行い、そのうちの対数表における二カ所（169と997の対数値）の誤りを発見した。本多利明『大測加減代乗除表』中の169と997の対数値も『航海宝函』京都本と同じように、誤っている。よって、『大測加減代乗除表』の対数表部分の原典は蘭書『航海宝函』である。

『大測加減代乗除表』の用例の部分について、朝鮮書『数理精蘊補解』と比較して、その類似性を指摘した。

また、坂部広胖『算法点竄指南録』を調査して、1800年以前に対数を研究した安島直円、本多利明、日下誠、坂部広胖四学者の師承関係、学問のつながりを明らかにした。

第三章

『数理精蘊』日本伝来時期考

第一節：研究史

『数理精蘊』日本伝来時期という問題を研究対象としての研究は一つもない。『明治前日本数学史』など通史的な研究書に、『数理精蘊』の伝来時期という問題に触れたが、具体的な検証を行わなかった。

『明治前日本数学史』には、こう述べる。

> 篠原善富は文政6年（西紀1823）数理精蘊中の対数比例の1編を和解した。
>
> 今井兼庭の蔵書目録中に数理精蘊がある。古川氏一の算話随筆には「予嘗テ御製数理精蘊ヲ閲スルニ」云々とある。
>
> （第5巻第13章第3節「中国暦算書の移入」）
>
> 割円八線表および対数表が、本多利明によって、蘭書より大測表に収められたことは、さきに述べた。これと全く別に、対数表は数理精蘊によってもまた我邦に齎された。数理精蘊は康熙帝の命によって編撰されたもので、西算すなはち西洋数学を集成したものである。これは雍正元年（西紀1723）に成ったが、我邦に将来された正確の時期は明らになってゐない。しかし、安島直円が対数に関して真仮数表（天明4年、西紀1784訂）を著したのは、対数の概念を数理精蘊に得た

ものに間違ない。真数・仮数・対数の語がこれを示してゐる。直円は独自の方法を以て対数の作製法を述べゐるし、会田安明もまた独立の方法で同様の目的を達してゐる。数理精蘊の対数表はVLACQの七桁対数表であって、その対数作製法は同書巻38にある。これを注解したのは篠原善富の作対数表法（文政6年、西紀1823）である。

（第4巻第1章第14節「西洋数学の移入」p160）

『増修日本数学史』には、『数理精蘊』に関しての以下の論述がある。

蓋し、本邦従来、対数なし。西人弥氏の発明以来、年すでに久しきも、邦人これを知らず。況んやその理の由る所おや。普通対数の応用の如きは、ただ唐書数理精蘊にて乗除開方等の用を知るのみ。（この書もまた得難し。見る者甚だ少し）その解法に至りては該書に記るさず。故にただその妙に歎じて、思考これに及ばざりなり。

（第五編第三章寛政11年1799、遠藤利貞原文）

中国に対数が伝来したのは順治二年（一六四五）穆尼閣「比例対数表」であるが、康熙年間（一六六二―一七二二）に編集された「数理精蘊」に掲載され、これが享保年間にわが国に渡来したものと思うが、安島は対数なる言葉は使わない。はじめて対数と言う言葉を使ったのは、会田安明の「対数表起源」と「対数表製法」（文政十二年）である。またこのころ直接にオランダの航海書によって対数は輸入された。

（第五編第三章寛政11年1799、平山諦の注）

安島の対数表は不朽算法のほかに真仮数表なる一冊の本にもある。この書には、天明四年十月訂とあるから、安島の四十六歳のときである。なお真仮数表は漢数字一二三四……を使って左起きの横書きである。これも安島が数理精蘊に接した一つの証拠であろう。

（第五編第三章寛政11年1799、平山諦の注）

先行研究の観点を以下のようにまとめる。

①『数理精蘊』の日本伝来時期は、不明であるが享保年間日本に輸入したと思われる。

②寛政年間まで、『数理精蘊』は入手し難い。見る学者も甚だ少ない。

③『数理精蘊』巻三十八を注解したのは篠原善富の『作対数表法』(文政6年、西紀1823)である。

天明・寛政年間に現れた『数理精蘊』に関する書籍は、非常に少なく、手かがりは少ないけれども、筆者は本論の第一章と第二章の対数の伝来についての分析に基づき、『数理精蘊』の伝入時期という問題を僅かにしても進展させようと思う。

『数理精蘊』という書籍と他の書籍との最も異なるところは、対数に関する部分である。よって、対数伝入問題についての分析も、『数理精蘊』伝入時期に対する考察に、手かがりを与えてくれる。

第二節:『数理精蘊』日本伝来時期考

1. 文化年間

先ず明らかにしたいのは、『数理精蘊』の和訳年代という問題である。

第一節の通り、これまでの研究は、『数理精蘊』の和訳本としては、ただ篠原善富の『作対数表法』(文政6年、1823)が挙げられる。『和算史年表』と『日本数学史年表』(稿本、未刊。岡本伊八著、現在京都大学付属図書館収蔵)にも、篠原善富『作対数表法』のみが見られる。

しかし、文政6年より前の文化十三年(1816)、『数理精蘊』はすでに延岡藩の数学者よりほぼ完訳された。対数表製法の巻三十八も含まれている。その訳本は『数理精蘊解』と名付けられた。現在早稲田大学図書館は、この書を収蔵している。本論で、また『数理精蘊解』をより詳しい情報を述べる。

結論として、文化十三年の『数理精蘊解』は、『数理精蘊』の最古和訳本である。よって、文化年間に『数理精蘊』の完全版本が日本に輸入された。

前節研究史で、古川氏一の『算話随筆』に「予嘗テ御製数理精蘊ヲ閲スル」という記述があることに言及した。古川氏一（1783－1837）は江戸後期和算家である。文化十三年に古川は33歳、活躍の年齢であろう。古川の記述も、文化年間に『数理精蘊』が輸入されたことの左証である。

2. 寛政年間

寛政年間の『数理精蘊』に関する書籍は、『不朽算法』と『大測表』である。第一章および第二章に、すでに論述した。

『不朽算法』と『大測表』との共有する特徴は、以下の二点がある。

① セットになる「対数」、「真数」、「仮数」三つの訳語のうち、「真数」と「仮数」が使われていたが、「対数」が使われていなかった。

② 『数理精蘊』の対数表製法は、知られていなかった。

安島直円は対数表製法に触れた。つまり『数理精蘊』中の「逓次開方法」の思想と同じものである。しかし、この方法で対数表を製作しようと思うなら、理論的に作られるけれども、一部分の対数値のみは簡便な計算で求められ、それ以外の計算は非常に煩瑣である。それも『数理精蘊』が十種の方法を紹介した理由になる。

安島は対数表製法に触れた際、まだあまり対数の概念に詳しくない。藤田貞資の要請で、既知の「対数表」から、対数の規律を見出して、その規律を根拠として、対数値を計算した。この経緯は、『不朽算法』下巻に、日下誠より以下のように記録された。

この表数ヲ求ムルノ起源容易ノ術ニアラズ。本書其一件ノ術ヲ得タリ。乃シ予ガ得ル所トハ大ニ異ナリ。偖此安島氏ノ術ハ先年紀州ノ只之進殿（此人後ニ松平下総守ト云フ）ヨリ藤田貞資ニ其起源ノ術ヲ問ハル。然ニ藤田ガ算術是ヲ得ルコト能ハズ。故ニ貞資ヒソカニ安島氏ニ相談ス。於是直円コレヲ考得タリト云フ。其後貞資ヨリ只之進殿へ呈進ス。其時貞資己レ一人ガ工夫ヲ以テ得タルヨウニ申送ルト云フ。❶

文中の「紀州の只之進殿」は、「松平下総守」から判断すると、松平忠和❷である。この記述によると、松平忠和は対数表を手にいれたが、対数表の製表法を知りたいため、藤田貞資❸に聞いた。藤田貞資はまた安島直円に尋ねた。藤田貞資は和算家である。もし、松平忠和の手に入れた対数表に、製表法がついていれば、藤田貞資は安島直円に尋ねる必要がないであろう。『数理精蘊』には、対数表の製表法についての詳細な論述があるため、松平忠和、藤田貞資および安島直円の見た対数表は、『数理精蘊』由来ではないであろう。また、安島の最古の対数書『真仮数表』のデータも『数理精蘊』の対数表とは差異がある。本節つぎの「天明年間」の段落で、論述する。

本論第二章で論述したように、『大測表』中の対数表の典拠は『航海宝函』である。その対数用例の典拠は、『数理精蘊』系の図書であり、朝鮮書『数理精蘊補解』の可能性がある。

寛政年間、『数理精蘊』の対数表製表法も江戸時代の学者に知られてい

---

❶ 『不朽算法』下巻、対数起源の後

❷ 松平忠和（1759 — 1802）江戸時代後期の大名。宝暦 9 年 8 月 27 日生まれ。紀伊和歌山藩主徳川宗将の 9 男。兄松平忠功の養子となり，寛政 5 年伊勢桑名藩主松平（奥平）家 5 代。藩政改革をすすめ，平井澹所らをまねいて学問の振興につとめた。松平定信と親交があった。享和 2 年 4 月 22 日死去。44 歳。初名は頼徳。通称は唯之進。号に澹寧斎など（講談社、『日本人名大辞典』より）。

❸ 藤田貞資（1734 — 1807）江戸時代中期 - 後期の和算家。享保 19 年 9 月 16 日生まれ。幕府天文方の山路主住に関流をまなび，司天台暦吏となる。のち筑後久留米藩主有馬頼徸につかえた。文化 4 年 8 月 6 日死去。著作に「精要算法」など（講談社、『日本人名大辞典』より）。

ないため、全本『数理精蘊』はまだ日本に輸入されていないのは明らかである。しかし、『大測表』の対数用例から見れば、『数理精蘊』は部分的に輸入され、その書名は当時、少数の学者に知られると思う。

3. 天明年間

天明年間、『数理精蘊』に関連する書籍は、安島直円の『真仮数表』のみがある。

前文には、『真仮数表』が『数理精蘊』とは無関係であるとすでに分析した。以下で、もう一つの異なる点を示す。

『真仮数表』は、九桁表である。対して、『数理精蘊』は十桁表である。もし、安島直円は『数理精蘊』を見たとすれば、少なくとも『数理精蘊』と同じように、十桁表を作るはずである。何故なら、安島は対数表を見て、その規律を発見してから、製表法を考え出した。このようなルートで作った表の精密度は原表より低いわけがない。仮に、精密度を求めなくても、自分の計算法を百パーセント的に検証するため、原表より一桁少ない表を作ったわけもない。

「真数」と「仮数」という用語は、『暦算全書』の「八線真数」と「八線仮数」という訳語から知られたと思う。

よって、天明年間の『真仮数表』は『数理精蘊』とは無関係である。天明年間『数理精蘊』が日本に輸入された証拠は見つからない。

4. 中国本による左証

ア．中国の『数理精蘊』

『数理精蘊』の版本は、雍正元年、二年内務府銅活字本、古香斎袖珍抄本、四庫全書本、同治本、光緒本、宣統本などがある。

これらの版本は、四庫全書をさかいとして、前後二期に分けられる。

前期版本は、雍正二年内務府銅活字本と古香斎袖珍抄本である。

後期版本は、四庫全書本とその後の諸版本である。

前期版本の内務府銅活字本は、清朝の宮廷機構内務府が出版したものである。内務府は、内閣および六部に属しなく、「奉天子之家事」、皇族およびその財産を管理、運営する機構である。日本の宮内庁にあたる機構である。

内務府が管理する物品は、皇帝および皇族の私物である。一般官吏や人民はそのものに触られない。よって、内務府本は中国民間の一般的な人も見得られない。

現在、その現物は北京の故宮博物院と台北の故宮博物院に、各一点所蔵している。

（雍正二年版『数理精蘊』、台北・国立故宮博物院ホームページより再撮影）

この書物の色は「明黄色」であるから、明らかに民間人の使用は禁止される。また、広東本の序に「殿本艱覯、草野庶士、弥鮮窺仰」が書かれている。内務府の刻書機関は、紫禁城の武英殿に置かれた。「殿本数理精蘊」はすなわち雍正二年内務府本である。広東本序の「殿本艱覯」は、この版本を見る機会が非常に少ないと言っている。

古香斎袖珍抄本は、清の高宗（乾隆帝）の私物である。一部しか存在しない。

『四庫全書』本は、『四庫全書』の「子部・天文暦算類」に収録した『数理精蘊』である。『四庫全書』は、計八部がある。そのうちの四部は紫禁城、円明園など皇室機構に保管され、その他の四部は、北京、揚州、鎮江、杭州の寺などのところに保管される。民間の人が四庫全書本を閲読・抄録することが可能である。よって、四庫全書本『数理精蘊』は写本の形式で、日本に輸入される可能性がある。現在、日本所蔵早期版本のうちには、刊本が一点も見つかられない。

四庫全書以後の光緒江寧本や光緒広東本などは、現在日本の各図書館に所蔵が多い。京都大学理学部図書館に、光緒江寧本を一点収蔵している。東京大學総合図書館に、光緒広東本を収蔵している。しかし、それらはすべて19世紀後半の版本であり、本論は研究対象として扱っていない。

5. 朝鮮本による左証

『朝鮮数学史』（川原秀城、2010）により、『数理精蘊』の影響を受ける朝鮮天文暦算書は以下の通りである。

洪大容『天測題』

『籌解需用』（洪大容は1765年使節として北京に滞在経歴がある）❶

徐命膺『攷事十二集』（1783）

『九章数法』（1783）❷

徐浩修『数理精蘊補解』（1787）

洪吉周『幾何新説』（洪吉周 1786–1841）❸

❶ 川原秀城、『朝鮮数学史』、東京大學出版会、2010年、pp138 ～ 143

❷ 川原秀城、『朝鮮数学史』、pp209 ～ 214

❸ 川原秀城、『朝鮮数学史』、pp220 ～ 223

李尚赫『算術管見』（1855）[1]

趙羲純『算学拾遺』（趙羲純、朝鮮末期人）[2]

崔漢綺『習算津筏』（1850）[3]

上に挙げられた朝鮮算書のうち、1800年以前のものは5点もある。そのうえ、『数理精蘊』の各巻にもかかわる。『数理精蘊』は18世紀後半に、朝鮮にもたらしたのは、疑いがない。対して、寛政年間まで、日本において『数理精蘊』を直接に引用する書籍は、一点も見つからない。それも、寛政まで『数理精蘊』は日本に輸入されていないことの左証になれるのであろう。

『数理精蘊』を引用した朝鮮書は、日本にも輸入した。

『数理精蘊補解』は、現在日本に二点が所蔵している。その一つは東北大学図書館にある。それは1925年の写本である。だが、国立天文台図書室に刊本1点がある。その本に、「岡田」蔵書印があり、輸入年は不詳、江戸時代の可能性もある。その理由は、同図書室の朝鮮書『数理要解』に、「明時館蔵書印」がある。『数理精蘊補解』は、『数理要解』と同じルートで、日本に輸入された可能性がある。

❶ 川原秀城、『朝鮮数学史』、pp232 ～ 236
❷ 川原秀城、『朝鮮数学史』、pp255 ～ 257
❸ 川原秀城、『朝鮮数学史』、pp298 ～ 299

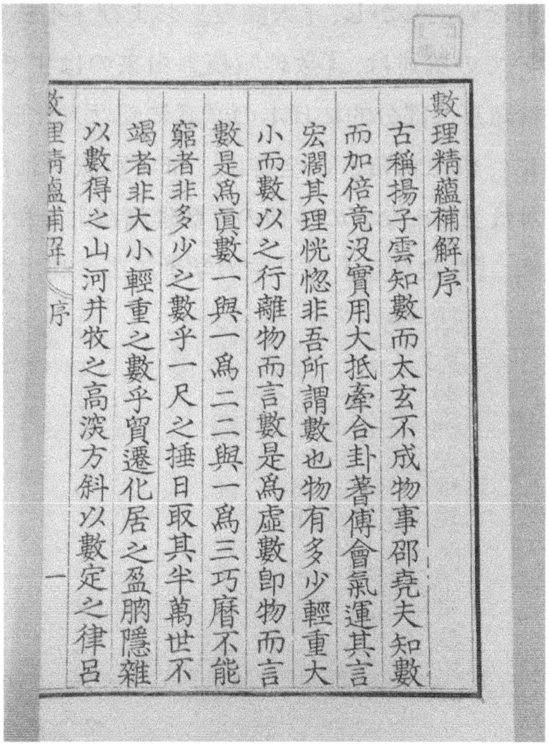

數理精蘊補解序
古稱揚子雲知數而太玄不成物事邵堯夫知數而加倍竟没實用大抵牽合卦蓍傅會氣運其言宏濶其理恍惚非吾所謂數也物有多少輕重大小而數以之行離物而言數是爲虚數即物而言數是爲眞數一與一爲二二與一爲三巧曆不能窮者非多少之數乎一尺之捶日取其半萬世不竭者非大小輕重之數乎貿遷化居之盈朒隱雜以數得之山河井牧之高深方斜以數定之律呂

數理精蘊補解　序　一

（東京・国立天文台図書室蔵『数理精蘊補解』、筆者撮影）

小　括

第一章から第三章の論述に基づいて、『数理精蘊』の日本伝来時期について、以下のようにまとめられる。

①天明期の安島直円『真仮数表』は、蘭書から示唆を得て、作られたものであり、『数理精蘊』との直接的な関連は見当たらない。

②寛政期の本多利明『大測表』の対数表は蘭書『航海宝函』から得たものである。日下誠の整理した安島直円遺稿『不朽算法』の対数表製法も『数理精蘊』からの影響は見当たらない。この時期の他の書籍にも『数

理精蘊』の影響もない。しかし、『大測表』および『不朽算法』の対数表の使用方法についての論述は、『数理精蘊』由来のはずである。よって、寛政期に『数理精蘊』は部分的に日本の学者に受け入れられた。

③文化十三年に『数理精蘊』の全書は、ほぼ和訳された。その後、また篠原善富『作対数表法』などの多種の『数理精蘊』の和訳書が現れる。よって、文化以降、『数理精蘊』は日本の学者に広く利用される。

第四章
漢訳数学書の用語

17 世紀初め、来華宣教師は中国士大夫の協力を得てキリシタン教義書と西洋科学書を漢訳し始めた。漢訳西学書の成立とともに、漢字表記による基督教用語と近代科学学術用語が創りあげられた。本論では、この内の数学用語を対象として考察する。

最早の漢訳西洋数学書は『ユークリッド原論』の漢訳版『幾何原本』（1607）である。その百年後の 1713 年（清康熙五十二年）、康熙帝の旨を奉じて、陳厚耀、何国宗、明安図等が当時の西洋数学書を集め、『数理精蘊』を編纂し始めた。

そして、1723 年（雍正元年）に『御製数理精蘊』が刊行された。『御製数理精蘊』は、上編五巻（『幾何原本』、『算法原本』）、下編四十巻、数学表八巻（対数表、三角関数表）で構成された。『御製数理精蘊』は近代初等数学の知識、理論を包含したものであり、よって、漢訳近代数学用語が大量に盛り込まれることになった。またこの内いくつかの訳語は現在日本と中国の両国で使用されている。本論が特に『数理精蘊』を取り上げるのは以上のような事情による。

第一節：研究意義及び研究史

1. 研究意義

日本人が中国語の文章を読むときにせよ、中国人が日本語の文章を読むときにせよ、書かれてある文字の語彙を理解することは比較的容易である。ともすれば、日本語をさほど学習していない中国人でも、日本の新聞等を見てその概略を理解することも可能である。一般的にこのような語彙共有現象は、日中両国ともに漢字使用国であるという事実のみによって説明されている。だが、このような解釈は極めて偏頗であるというべきだろう。

言語とは不断に発展するものである。時代によって言葉のコンセプトは異なる。現代中国人が、宋明小説を読む時、現代日本人が室町時代の軍記物語を読む時、分からない言葉は少なくないであろう。現代人が自文明の昔の作品を読んでも十分に理解できないのに、現代の二つの国で大量の同形同義語が存在している現象を「漢字の使用」ということのみによって十分に説明できると考えることは明らかにできない。

現在、日中共通の語彙の中、名詞が一番多いだろう。その名詞の中で、近代的な事象を言語化・文字化したものは少なくない。近代化の波の中で学問が普及していくに伴って、大量の学術用語が一般的な口語の中に含まれるようになっていった❶。日中言語の同形同義語現象を究明するためには、それらの用語の語彙の成立経緯まで遡る必要があると考える。即ち、近代化開始期の漢語「造語運動」を考証すべきである。

❶ 佐藤亨、『近世語彙の歴史的研究』、p11

2. 研究史

語彙学

現代中国語彙には、「和製漢語」は数多く使用されている[1]、特に現代政治、社会、経済領域にはもっと多いであろう。その事実の発見は、近代日本語語彙の研究の重要な成果である。以下に、その代表的な研究をあげる。

杉本つとむは、『日本翻訳語史の研究』の第一部第四章で、「経済学」、「政府」、「人民」など政治経済学範疇内の語彙について考証した[2]。森岡健二は「語彙の歴史の中の現代語彙」において、「内閣」、「国会」、「委任」等の政治学の語彙、「天使」、「洗礼」、「教会」など宗教の語彙について研究を行った。[3]進藤咲子は『明治時代語の研究——語彙と文章——』において、「普通」、「通俗」、「自由」の語彙的成立を考証した[4]。また石井久雄は、論文「和語・漢語のはざまで——キリスト教と性の外来語」において、社会、倫理など分野の語彙について考察した。[5]以上に上げた先行研究以外に、いくつか語彙学的な研究もある。佐藤亨の著作『近世語彙の歴史的研究』の第一章「幕末・明治初期語彙研究の課題」は、その詳細な研究である。[6]また、張栄湄の論文『日中共通の漢訳科学用語形成の基盤——翻訳の道具としての漢字・漢語の特徴を中心——』は、漢字の造語性を中心に、漢訳科学用語を言語学理論的角度から論述した。ただし、具体的な用語についての研究は行われなかった。[7]

---

[1] 柏谷嘉弘は『講座日本語学 4 語彙史』の「漢語の変遷」には、中国辞書『辞源』を考察し、「和製漢語」が現代中国語に入ることを論述していた（八坂書房，1998）。

[2] 杉本つとむ、『日本翻訳語史の研究』の第一部第四章を参照する

[3] 森岡健二、「語彙の歴史の中の現代語彙」（『講座日本語学 4 語彙史』、明治書院、1981 ～ 1982）

[4] 進藤咲子、『明治時代語の研究——語彙と文章——』、明治書院、1981

[5] 石井久雄、「和語・漢語のはざまで——キリスト教と性の外来語」（『英米外来語の世界』、南雲堂、1981）（に収録）

[6] 佐藤亨、『近世語彙の歴史的研究』、桜楓社、1980、pp13 ～ 19

[7] 張栄湄、『日中共通の漢訳科学用語形成の基盤——翻訳の道具としての漢字・漢語の特徴を中心——』、北陸学院短期大学紀要、1999

専門史

各学術分野の歴史を研究する学者もそれぞれの分野の近代的用語について言及することがある。それらの研究は、語彙学的な角度からではなく、各分野の歴史を探る中で、近代学術用語の翻訳を考察している。

クレインス・フレデリックの著作『江戸時代における機械論的身体観の受容』（臨川書店、2006）には、『遠西医範』の思想を研究する部分で、「魂」、「心」、「精神」など抽象的な概念の翻訳が詳しく研究されていた。政治思想領域では、石田雄の『日本近代思想史における法と政治』などの研究がある。詳しくは、佐藤亨の著作『近世語彙の歴史的研究』第一章「幕末・明治初期語彙研究の課題」を参照されたい。

安大玉の著作『明末西洋科学東伝史——『天学初函』器編の研究——』第四章では、『天学初函』本『幾何原本』の用語が整理され、66語が挙げられた。その内、「幾何」と「円」の二つの用語の概念と翻訳について詳しく考証・論証された。[1]しかし、それ以外の用語は挙げられるのみで、考証は行われなかった。

特定の洋書の語彙についての研究（漢訳西書の部分）

古田東朔の論文「幕末・明治初期の訳語——『民間格致問答』を中心として——」は、佐藤亨の『近世語彙の歴史的研究』より早期の特定中国洋書の語彙についての研究である。当該研究では、丁韙良の『格物入門』の物理学の訳語が研究された。松井利彦の「近代日本漢語と漢訳書の漢語」では、『海国図誌』と『地理全志』の訳語が考察された。

佐藤亨は中国洋書中の訳語の研究において、多くの業績を残していえる。佐藤は、中国洋学書を初期と後期と分ける。佐藤の論文「『職方外紀』の語彙の考察——わが国近代漢語との関連を中心に——」では、『職方外紀』の訳語が三つの種類に分けられている。第一類は、日本で古来使われている言葉、例えば、「硫黄」、「異国」、「衣食」、「温泉」、「小学」、「大

[1] 安大玉、『明末西洋科学東伝史——『天学初函』器編の研究——』、pp98 ～ 113

学」、「経緯」、「教論」、「人民」、「入院」、「物理」など200余語である。第二類は、幕末明治初に使われていた言葉、「緯度」、「経度」「温帯」、「貨幣」、「講習」、「人工」、「物価」、「平行」、「輸入」などの70余語である。第三類は、明治初期から使われている言葉、「動機」、「極力」、「鉄鉱」、「無害」、「連発」などの21語である。❶

また佐藤は、『中国初期洋学書の語彙とわが国近代漢語との関連について——『西方要紀』を中心に』において、上述の論文と同じく、『西方要紀』の訳語について研究を行っている。しかし、当該論文の結論部では、近代訳語の分類が行われた。その第一類の「大部分の語（二字漢語）は『西方要紀』以前の漢籍に典拠をも」つものである。第二類は「南極」、「北極」、「貿易」など、「現代における意味で実際に用いられるようになった」語である。第三類は、比較的新しい時代に用いられた、「火器」、「機器」、「聖像」、「地中海」等の「中国初期洋学書を介して直接に用いられるようになった」語である。❷

それまで、それぞればらばらに行われてきた研究に対して、佐藤の研究は、近代学術用語研究において、新たな方法・角度を採用し、系統的にこの分野の研究を一新したともいえるであろう。ただし、一つ一つの用語について、原書から抽出しようとしたのみで、具体的な成立過程の考証は僅かである。

荒川清秀の論文『地理学用語の系譜——中国洋学書を中心に——』では、マテオ・リッチの『坤輿万国全図』、アレニの『職方外紀』などの前期洋学書、モリソンの『中国語辞典』を代表とする後期洋学書、及び魏源の『海国図誌』などの後期洋学書の用語を考察し、近代地理学用語の成立、発

---

❶ 佐藤亨、『『職方外紀』の語彙の考察——わが国近代漢語との関連を中心に——』、『人文科学研究』、1980

❷ 佐藤亨、『中国初期洋学書の語彙とわが国近代漢語との関連について——『西方要紀』を中心に』、『人文科学研究』、1981

展と定着の過程を明らかにした。[1] 荒川の研究は、近代学術用語の生成からの発展・継承の過程を重視しているが、それらの語彙の源流についての検討には更に考証の余地があるように思われる。

以上で整理してきた先行研究に対して、本論では、「数理精蘊」を中心に、中国における近代数学用語の生成の問題を探究したいと思う。もちろん本論も、数々の優れた先行研究を大いに参考にしたものであり、その啓発の所産である。

第二節:『数理精蘊』の数学用語の典拠

本章では、『数理精蘊』上編の数学用語の語源を逐一考証していく。

幾何

イ.音訳・意訳考

「幾何」とうい語が近代的な概念をもつのは16世紀の明末といえる。「幾何原本」が翻訳されてから、「幾何」という言葉を「geomitria」として使用するのが一般的になってきた。しかし、「幾何」という語は音訳か、または意訳か、未だ有力的な結論が結ばれていない。主に、以下三種の説がある。

1.「GEO」からの音訳説。この説は19世紀にイギリス宣教師エドキンスが説いたものである。[2]

2. 意訳説。安大玉は『明末西洋科学東伝史——『天学初函』器編の研究——』で、李儼、嚴敦傑の説いた意訳説に賛成している。同書には、C.Jamiの意訳説を支持した等式が示された。その等式とは、

❶ 荒川清秀、『地理学用語の系譜——中国洋学書を中心に——』、『愛知大学文学論叢』、1997、1998

❷ 梅荣照，王渝生，刘纯、“歐幾里得〈原本〉的傳入和對我國明清數學的影響”，《明清數學史論文集》，江蘇教育出版社，1990年，p56

マテマティカ＝幾何＝度を扱う算法＋量を扱う量法

である。❶

安は更にアダム・シャール（湯若望）の『暦法西伝』の論述を引用して証左した❷。

3. 音意混訳説。梁宗巨の『世界数学史简编』には、この説を言及している。❸

百数十年もの間、各説は有力な論拠を提示できず、意見を違えたまま今に至っている。ただし、本論は『数理精蘊』中の「幾何」を通して管窺を述べようとするものであり、この論争に参加する意図はない。

『数理精蘊』巻一「数理本原」では、次のように述べてられている。

> 唐宋、明経算学科設し、其の書を学宮に頒し、博士弟子の肄習を令す、是れより数を算する学が知られ、実は物を格し、知を致す要務也り。故に、その数を論じ、設し幾何の分となす。而も相求之法、加減乗除を立て、凡そ多寡、軽重、貴賎、盈朒、数遺てることなしに也り。その理を論じ、設し幾何の形となす、そして、立算之故が明らかである。

> 唐宋設明經算學科，其書頒在學宮，令博士弟子肄習，是知算數之學，實格物致知之要務也。故論其數，設為幾何之分。而立相求之法、加減乘除、凡多寡輕重貴賤盈朒，無遺數也。論其理，設為幾何之形，而明所以立算之故。❹

---

❶ 安大玉、『明末西洋科学東伝史——『天学初函』器編の研究——』、pp98 ～ 99
『李儼・錢寶琮科學史全集』、第 10 巻、pp239 ～ 249 ;「幾何不是 GEO 訳音」、『数学通報』、1959 年第 11 期、pp138 ～ 141 にも参照。

❷ 『暦法西伝』には、「理科中旁出一支為度數之學, 此一支又分爲七家: 曰數學家, 曰視學家, 曰音律家……, 七家俱統於度數」のように述べていた。

❸ 梁宗巨、《世界数学史简编》辽宁人民出版社，1981 年，pp90 ～ 92

❹ 『数理精蘊』上編、巻一「数理本原」

「故論其數，設為幾何之分」の「数」は、「かず」または「数える」の意である。よって、ここの「幾何」の意は、数値を求めるという意である。「論其理，設為幾何之形」の「理」は「事物の根底にある筋目のたった本性のこと」、即ち宋明理学の「気」である。ここの「幾何」は、「算数之学」の根底、由来の一つである。

つまり、『数理精蘊』総論の一篇である「数理本原」では、「幾何」の概念ははっきりしていなかった。「幾何」と「算数之学」と関係について論述されたに過ぎない。ここの「幾何」は現代的「幾何学」の概念を決して有していない。

また、『数理精蘊』下編巻三十「体部」では、「数学」について、以下のように述べていた。

数学は、「体」に至って備わる。其れの線面の全を綜べることを以て、度量衡之用を尽くす。蓋し線面度に存じ、体則ち量に存じる。軽重を求めること則ち衡に存じる。是を以て、又権度之比例が有る。

數學至體而備，以其綜綫面之全，而盡度量衡之用也，蓋綫面存乎度，體則存乎量，求輕重則存乎衡，是以又有權度之比例。❶

ここから、当時の「数学」とは、線、面、体とその計算対する学問であるように理解できよう。そのコンセプトは現代幾何学に近い。

『数理精蘊』下編巻三十二「末部二」にも以下のようにある。

算術の学とは、線、面、体の外に有らず。

算術之學不外乎綫面体。❷

❶ 『数理精蘊』下編、巻三十「体部」

❷ 『数理精蘊』下編、巻三十二「末部二」

すなわち、「数学」と同じく「算術の学」も現代幾何学の概念に近い学問であるといえる。

以上のように、『数理精蘊』の時代における「数学」や「算術」といった学問と現代数学の概念とは異なる。ただし、異なるというよりは、寧ろ、当時「数学」内部で厳格な区分がされていなかったというべきだろう。だから、近代的「幾何」の概念もなかったであろう。従って、「幾何」は音訳でもなく、意訳でもない。「幾何」という言葉を「Geomitria」として使うのは、後世の人が「幾何原本」の書名を踏襲したからであると考えられる。

ロ．古典籍中の「幾何」

以上でみてきたように、『数理精蘊』には、「幾何原本」が収録されているが、そこにおける「幾何」という言葉は、近代幾何学のコンセプトとは異なっていた。だが、一つ書籍を根拠として「幾何」の語源を考察するのみでは些か不十分であるだろう。よって以下では、『数理精蘊』が著される以前の典籍中の「幾何」を視てみたい。

『数理精蘊』には、「幾何」という言葉が907ヵ所がある。この内、幾何の概念に関するものは上に挙げた。残りの「幾何」は、例えば、「径一尺二寸、求面積幾何」といったように、「幾ら」を問う際に用いられた。

「幾何」という言葉は、宋代から、よく使われていたのである。注意すべき点は、数学の本だけではなく、一般的な本でも「幾何」はよく使われていたということである。

『冊府元亀』では61度使われていた。例えば、

帝問、我能将幾何。信曰、陛下不過能将十❶。

---

❶ 王欽若，楊億、『冊府元亀』、巻四十四、意は：「帝問いた、我は（兵士）幾らを統帥できるの。信曰く、陛下十人を統帥できるしかない。」

また『続資治通鑑長編』では83度使われた。例えば、

上曰：尚欠幾何。曰：五萬貫。❶

『四庫全書』文淵閣版の電子版を検索すると、ほかに、宋の「太平御覧」には50ヵ所、「資治通鑑」には46ヵ所、「太平広記」には38ヵ所、「東坡全集」には29ヵ所、元の「文献通考」には19ヵ所、「幾何」という言葉が使われていた。全部で、1749ヵ所に「幾何」という言葉が使われていた。その中、宋代以後の文献がメインである。

上述の一般文献以外、明以後の暦算・数学章には、「幾何」という言葉がさらに多く使われていた。清梅文鼎『暦算全書』には105ヵ所、杜知耕『幾何論約』には176ヵ所、方中通『度數衍』には435ヵ所があった。

これらの暦算・数学章でも、『数理精蘊』と同じく、「幾何」を疑問数詞として使用していた。

以上でみてきたように、清初までの中国典籍では、「幾何」という言葉は明らかに疑問詞として使用されていた。よって、「幾何」に現代幾何学の概念が与えられるのは19世紀以後のことであると考えられる。中国における近代科学の用語の多くは、明治維新時代の日本の学術と関係があるから、近代的「幾何」の概念の定着も、明治時代の日本の学術近代化と関係あると思われる。

度

『数理精蘊』では、単位としての「度」について以下のように述べられている。

天を周る暦度者、天の一周を三百六十度に分け。

周天暦度者，分周天為三百六十度。❷

---

❶ 李燾、『続資治通鑑長編』巻一、意は:「上聞いた、尚幾ら欠けている。答えは、五万貫です。」

❷ 『数理精蘊』上編、巻一

ここにおける「度」の概念は、現代数学の「度」の概念と一致するといえるだろう。

後漢の『論衡』では、天の一周が365度と数えられている。現代数学とは5度の差があった。

> 天下六万里余り、数家一周を三百六十五度で計える。
> 天下六萬餘里，数家計之三百六五度一周。❶

北宋の『新唐書』中の「度」は、すでに現代の「度」と一致している。

> 九執歴は西域より出づ。開元六年、太史監瞿曇、悉達に詔ぐ、之を訳す。近距を断取し、開元二年二月朔を以て、歴首と為す。度法六十あり、月二十九日餘七百三有り、日を三百七十三に分け。歴首朔虚有り、百二十六に分け、周天三百六十度有り、餘り無し。

> 九執歴者、出于西域。開元六年、詔太史監瞿曇、悉達譯之。斷取近距、以開元二年二月朔為歴首、度法六十、月有二十九日餘七百三、分日之三百七十三。歴首有朔虚、分百二十六、周天三百六十度無餘。❷

「西域」との交流により、新しい暦法を得た中国では、『新唐書』以降、天を360度に分けることが確立したと考えられる。

その後、宋元時期でも、円の一周を360度とすることは一般的になっていた。明末、宣教師の来華と供に、ヨーロッパの近代数学も中国に伝えられた。西洋数学の影響を受けた徐光啓の『新法算書』では、大円も

---

❶ 王充、『論衡』巻十一「談天篇」
❷ 『新唐書』、巻二十八下

小円も三百六十度に分ける[1]と述べられていた。

以上のことから、明末清初期に西洋書籍を翻訳した時、「度」の概念については、旧有の「度」の概念をそのまま使用したことは明らかであろう。

点、線、面、体

点、線、面、体については、『数理精蘊』はそれぞれ以下の概念を示した。

> 凡そ、数度を論じること、必ず一点に始まる。点より之を引いて、線と為す。線より之を広げて、面と為す。（面）より之を積んで、体と為す。是は、三大綱と名づく。是を以て、長あり闊なき者、之を線と謂い、長と闊あり、厚なき者は之を面と謂い、長と闊、厚俱に全える者は、体と謂う。惟し、点は、長闊厚薄なし、其の間分けられず、数を以て度らず。然し、線の両端即ち点、しこうして面体皆之より生まれる。
>
> 凡論數度、必始於一點、自點引之而為線。自線廣之而為面。自面積之而為體。是名三大綱。是以有長而無闊者謂之線、有長與闊而無厚者謂之面、長與闊厚俱全者謂之體。惟點無長闊厚薄其間不能容分、不可以數度。然線之兩端即點、而線面體皆由此生、點雖不入於數、實為衆數之本。[2]

『文淵閣四庫全書』の電子版を検索すると、点は88879ヵ所、線は40513ヵ所、面は303787ヵ所あった。概して、この三つについては、中国固有の概念と西洋の概念とは同じである。しかし「体」は、明末清初から、現代幾何学の概念をもつことになったのである。

『康熙字典』を引くと、「体」は概して以下の意味がある、①身体、四

❶ 徐光啓、『新法算書』巻十六：「天設圏、有大小、毎圏俱分為三百六十度」

❷ 『数理精蘊』上編、巻二

肢②文体、修辞の法③実体、哲学的な質④動詞、体得。[1]しかし、現代幾何学的な「体」の意味はない。『康熙字典』は、『数理精蘊』とだいたい同じの時期の書籍であるから、同時代までは、「体」は現代幾何学の「体」の概念を持たなかったと判断できる。

梅文鼎の『歴算全書』には、「体」について以下の記述がある。

> 方面と線さらに、相乗して、其の容積を得れば、即ち立方也り、西法之を體と謂う。
>
> 方面與線再相乘而得其容積則立方也、西法謂之體。[2]

以上から、西洋数学が東伝する際、「体」という字に新しい意味が加えられたと考えられる。明末清初期は、『歴算全書』以外に、『数理精蘊』のように「西法」を明言している書籍はなかったが、当時から現代幾何学の概念をもつ「体」は種種の書籍で用いられていた。例えば、明末の西洋宣教師陽瑪諾（P. Emmanuel Diaz）の『天問略』、清人杜知耕の『幾何論約』などがある。

もう一つの注意すべきところがある。明人朱載堉の『律歴融通』には、

> 方を以て体と為せば、即ち円は用と為す。円を以て体と為せば、

---

❶ 『康熙字典』【子集中】【人字部】:（體）〔古文〕《唐韻》《正韻》他禮切《集韻》《韻會》土禮切，涕 上聲。《說文》總十二屬也。《釋名》體，第也。骨肉毛血表裏大小相次第也。《廣韻》四支也。《禮・中庸》動乎四體。又《易・文言》君子體仁，足以長人。《疏》體包仁道。又《書・畢命》辭尚體要。《註》辭以理實爲要。又《詩・衞風》爾卜爾筮，體無咎言。《傳》體，兆卦之體。又《詩・大雅》方苞方體，維葉泥泥。《箋》體，成形也。又《周禮・天官》體國經野。《註》體，猶分也。又《周禮・天官・內饔》辨體名肉物。《註》體名，脊脅臂臑之屬。又《禮・文王世子》外朝以官體異姓也。《註》體，猶連結也。又《禮・學記》就賢體遠。《註》體，猶親也。又《禮・中庸》體物而不可遺。《註》猶生也。又《禮・中庸》體羣臣也。《註》猶接納也。又《左傳・昭二十年》聲亦如味，一氣二體。《疏》樂之動身體者，唯有舞耳。舞者有文武二體。《廣韻》俗作 軆。《集韻》作躰。《增韻》俗作体，非。

❷ 梅文鼎、『歴算全書』、巻三十一、疇算法

即ち方は用と為す。

方以為體則圓以為用、圓以為體則方以為用。❶

『律歴融通』は明末の書籍であり、ここでは幾何形についての記述もあるが、「体」は依然として哲学の「用」の反対的な概念でしかない。

角、不等線角、曲線角

『数理精蘊』には、角について、以下のように述べた。

線は直、曲両種が有り、其の二つ線の一端相合し、一端漸く離れ、必ず一の角と成る。二つ線若し倶に直になる者、之を直線角と言う。一線直にして、一線曲なる者、之を不等線角という。二線倶に曲なる者、之を曲線角と謂う。

線有直曲兩種、其二線之一端相合、一端漸離、必成一角。二線若倶直者、謂之直線角、一線直、一線曲者謂之不等線角。二線倶曲者、謂之曲線角。

『文淵閣四庫全書』の電子版を検索すると、「不等線角」のある書籍は、『数理精蘊』しかない。よって、「不等線角」という言葉は、その種の角のコンセプトに応じて、漢字の「不」、「等」、「線」、「角」を以て、新しく造った言葉であると判明する。

他だし、「不等」という言葉は、明末からすでに使われていた、「経」、「史」、「子」、「集」などに、広く使われていた。明清の際の漢訳西洋科学書にも使われている。例えば、利瑪竇（P.Matthoeus・Ricci）の『乾坤體義』はこのように述べていた。

---

❶ 朱載堉、『律歴融通』、巻一

凡そ、同じ円内の四つの直角形、その等辺なるものの面積は、不等辺なるものより大きい。

凡同周四直角形其等邉者所容大於不等邉者。❶

よって、「不」と「等」の組み合わせは、明清の際、西洋科学用語の翻訳においてよく使用していた。

『文淵閣四庫全書』の電子版を検索すると、「曲線」という言葉が出る書籍は、20種があり、内、数学書は15種がある。❷この20種の書籍は全部明末清初時期に出版されたのである。中でも、数学・科学類以外の一般書籍は清代のものであるから見ると、「曲線」という言葉は、明末西洋数学書翻訳に使われることが最初である、清に入ってから、数少ないが、一般書にもその「言葉」を使用するようになってきたのである。

徐光啟『新法算書』を例として見よう。

時識點處毎、之を連ぬ、必ず曲線と為す。

毎時識點處連之必為曲線。❸

清初に一般書籍について、『皇朝文獻通考』を例として見よう。

西人利瑪竇湯若望等、歴書を繙譯するより、曲線、三角形の法が

---

❶ 利瑪竇、『乾坤體義』、巻下

❷ 数学類図書：徐光啟『新法算書』（明末）、李之藻『渾蓋通憲圖說』（明末）、利瑪竇『幾何原本』、『乾坤體義』（明末）、熊三拔（Sabbathinusde・Ursis）『簡平儀說』（明末）、清聖祖御製『數理精蘊』（清、以下清代）、梅文鼎『歷算全書』、方中通『數度衍』、杜知耕『數學鑰』、『幾何論約』、何國宗，梅瑴成，愛新覺羅允祿『欽定協紀辨方書』、莊亨陽『莊氏算學』、陳訏『句股引蒙』、江永『數學』、何國宗，愛新覺羅允祿『御製歷象考成』。

数学類以外図書：秦蕙田『五禮通考』（清、以下清代）、江永『律呂闡微』、愛新覺羅弘曆（清高宗）『皇朝通志』、『皇朝文獻通考』、仇兆鼇『杜詩詳註』。その中『律呂闡微』については、数学にも関係ある。

❸ 徐光啟、『新法算書』、巻十九

有り始まった。

自西人利瑪竇湯若望等繙譯歷書、始有曲線三角形之法。❶

以上の分析から、「角」は固有の言葉、「不等線角」、「曲線角」、「曲線」は西洋科学書を翻訳の際、漢字の意味を以て新しく造った言葉であると結論づけたい。

角の命名法

本論の主題は用語だが、命名法もここで考察したい、何故なら、命名法に基づいた「角」の名称は最も基礎的な用語である。よって、ここでも考察対象として扱う。

『数理精蘊』は、角について、以下のように述べた。

凡そ、角を命名すると、必ず文字三つを用いて、表記と為す。如：甲乙丙三角形、甲角を指すとき、即ち乙甲丙角と云う。乙角を指すとき、即ち甲乙丙角と云う。丙角を指すとき、即ち甲丙乙角と云う。亦、単に一字を挙げるものもある、即ち、其の挙げられる字は、指される角也り。如：單に甲角、乙角、丙角の類を言う。

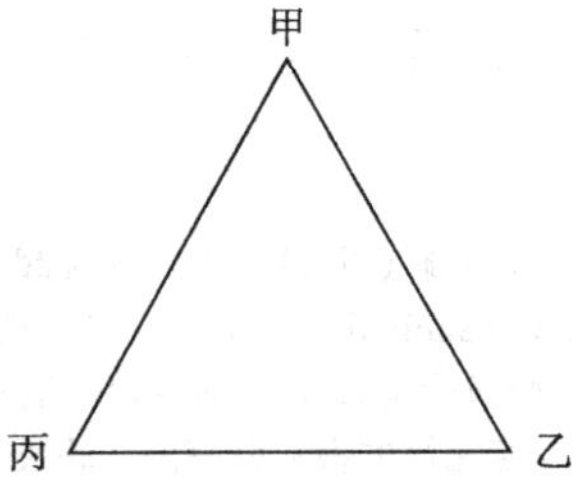

凡命角必用三字為記如甲乙丙三角形、指甲角則云乙甲丙角、指乙角則云甲乙丙角、指丙角則云甲丙乙角是也、亦有單舉一字者、則其

❶ 『皇朝文獻通考』、巻二五七

所舉之一字即是所指之角也、如單言甲角乙角丙角之類。❶

その命名法は明らかに西洋数学の命名法である。ただ、アルファベットのA、B、C、或いは、α、β、γを甲、乙、丙で書き換えるにすぎない。

漢文書籍に、その命名法の最初に出るのは、明末西洋数学関係の書籍である。例えば、徐光啟『新法算書』、李之藻『渾蓋通憲圖說』、利瑪竇『幾何原本』、『乾坤體義』などの書籍には、全部この種の角命名法を紹介した。

でも、漢語には本来「甲角」、「乙角」、「丙角」という言葉がある。しかし、完全に異なるコンセプトである。

例えば、李時珍『本草綱目』の「甲角」は、「硬くなる人体組織」を指す。❷北宋陸佃の『埤雅』の「甲角」は「硬いつの」の意味である。❸

また「甲」、「乙」、「丙」を以て、ものをはっきりと示さないときに用いる場合もある、「ある〇〇」に相当する。

圜、圜界、圜面

『数理精蘊』には、圜について、以下のように述べた。

凡そ一線有り、此の線の一端を樞として、また此の線の一端を界いとして、一周旋轉して、即ち一つの圜と成す。如:甲乙一線、甲端を樞として、乙端を界いとして、旋轉し、復乙處に至って、即ち乙丙丁戊の圜と成す。此の圜線を圜界と謂う、圜界内に積まれた面の度、之圜面を謂う。

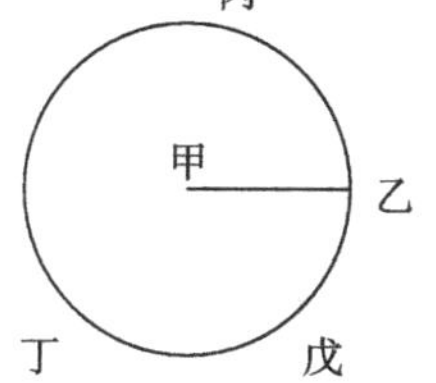

❶ 『数理精蘊』上編、卷二

❷ 李時珍、『本草綱目』、卷十一:割去甲角旬日取愈、此方神效。

❸ 陸佃、『埤雅』、卷十一:蜉蝣、蟲似天牛、而小有甲角、長三四寸。

凡有一線、以此線之一端為樞、復以此線之一端為界、旋轉一周即成一圜、如甲乙一線、以甲端為樞、乙端為界、旋轉復至乙處、即成乙丙丁戊之圜、此圜線謂之圜界、圜界内所積之面度、謂之圜面。❶

安大玉は『明末西洋科学東伝史——『天学初函』器編の研究——』に漢訳西洋数学書中の「圜」について、漢字「圜」が現代の「円」（ラテン語: circulus）の意味をもつようになるのは明末であると結論した。安氏は次のように言う。

「「円」の代わりに、「圜」がつかわれている。こうした傾向は、清朝に入ってからも、特に西学の影響を受けた人に受け継がれている」、「マテオ・リッチ」がそのような誤解を避けるべく、わざわざ「圜」という言葉を新造語として、すわわち、ラテン語 circulus の訳語として用いたのかもしれない。ちなみに、ヒース氏が指摘しているように、ユークリッドやアリストテレスにとって、円の定義は、やはりその中を含むものでなければならないようである。」また、「圜」の字音について、安大玉は「現代中国語では huan という読みと yuan という読みと両方可能であるが、「方円」を「方圜」と書くように、明らかに円の意味する yuan と読むべきと考えられる。」❷

しかしながら私は、「circulus」の意味をもつ「圜」ということばがマテオ・リッチの新造語であるか否か、まだ検討する必要があると思う。

「圜」について、『康熙字典』によれば、「圜：『唐韻』王權切。『集韻』于權切。夶與圓同。」❸即ち、「圜」の字音は、『唐韻』には、「wan」、『集韻』には「yuan」，圓の意味と同じである（「圓」は「円」の旧字）。

---

❶ 『数理精蘊』上編、巻二

❷ 安大玉、『明末西洋科学東伝史——『天学初函』器編の研究——』、pp100 ～ 101

❸ 『康熙字典』【丑集上】【囗字部】

また、その出典は、《周禮・冬官考工記》の「輿人爲車，圜者中規，方者中矩」[1]（職人は「車」を作る時、圜たる者は規を使う、方たる者は矩を使う。規：コンパス。矩：直線定規。）を挙げる。

また、『墨子』にも、「圜，中同长也」[2]（圜は径が同じものなり。中:直径。）と見える。

明初胡廣（1370–1418）の『性理大全書』には、「穀物」の量を計ることに関する部分に、「祖冲之以圜率攷之此斛當徑一尺四寸三分六釐一毫九秒二忽」[3]（祖冲之は圜率を以て、之を考察すると、此の斛の徑は一尺四寸三分六釐一毫九秒二忽に当たる。）という記述がある。ここの「圜率」は、円周率であるから、「圜」という字は現代の円の意味があるとは判明できる。

よって、明初とその以前の時代、「圜」の字音は「yuan」同じであり、(日本語音読み：わん、えん)、現代語「円」の意味もある。

ちなみに、「円」字の意味も見てみよう、「円」の旧字は「圓」である。

『康熙字典』によると、

『唐韻』に、王權切（wan，ワン）である。『集韻』、『韻會』、『正韻』に于權切（yuan，エン）である，音は員と同じである。圜と同じ意味で、方の反対のものである。『說文』によれば、「圜は「全」の意味がある」。『韻會』によれば、「古い時代、方圓の圓は皆、「圜」の字を使う。現在、皆「圓」の字を使う。」

《唐韻》王權切《集韻》《韻會》《正韻》于權切，丛音員。與圜同。方之對也。《說文》圜，全也。《韻會》古方圓之圓皆作圜，今皆作圓。[4]

---

[1] 『康熙字典』【丑集上】【囗字部】
[2] 『墨子』「経上篇」
[3] 胡廣、『性理大全書』、巻二十三
[4] 『康熙字典』【丑集上】【囗字部】

『康熙字典』の「圜」の解釈に相応し、圓も「與圜同」の解釈がある。さらに、『説文』に「圜，全也」とあるのは、安氏の引用されたヒース氏の指摘と同じく、円は、その中も含むものであるということを意味する。

「圜」字と「圓」字使用上の変化も安大玉の述べた「「円」の代わりに、「圜」がつかわれている。こうした傾向は、清朝に入ってからも、特に西学の影響を受けた人に受け継がれている。とは異なる。且つ、「圜」字の使用は西学の影響もないとは判断できる。

まとめると、「圜」字は、circulus と同じコンセプトである、そして、西洋数学書翻訳の時、それをそのまま使ったのである。

次に、「圜界」について考察する。

『数理精蘊』の「圜界」の定義は：円内部と円外部を区分するけじめの線である。「圜」とはちがい、「圜界」は新造語である。その出典は全部明末からの洋学関係するものである。

最初に「圜界」という語を使う書籍は、やはり明末の『幾何原本』、『新法算書』、『測量法義』である。

『新法算書』の「圜界」定義を見てみよう。

> 一点から同じ境界線まで、線を引き、若しその線の長短が同じであれば、その境界線を必ず圜界と為す。
>
> 從一點出線至一界、若其線長短若一則所至界必為圜界。[1]

『文淵閣四庫全書』収録された書籍中、西洋科学関係以外、「圜界」の出るものは、明代羅玘の『圭峰集』しかない。同書には、「圜界於職方之圖」[2]が書かれているが、この「圜界」は「境界を設ける」の意味であり、「圜」

[1] 徐光啟、『新法算書』、巻十四

[2] 羅玘、『圭峰集』、巻九

は動詞である。よって、この「圜界」は一つの単語ではない。

以下で、「圜面」について考察する。

『数理精蘊』の「圜界」の定義は：円の内部のものである。「圜界」と同じく、「圜面」も新造語である。その出典も全部明末からの西洋科学関係の書である。明末の『新法算書』、『乾坤體義』、『圜容較義』は「圜面」一語を使う最初の書籍であった。しかし、「圜界」とはまたちがい、以上上げた三種の書には、全部明確な「圜面」の定義がない、しかもほぼ円面積の計算法を紹介する時、使われた。例えば：

> 寅円の直徑を二倍にして、直徑夘辰を引く、其の圜面は寅円の圜面の四倍になる。
>
> 令倍寅徑以作夘辰徑、其圜面四倍大于寅之圜面。❶

『圜容較義』にも、同じ叙述がある。

> 寅円の直徑を二倍にして、直徑夘辰を引く、其の圜面は寅円の圜面の四倍になる。
>
> 令倍寅徑以作夘辰徑、其圜面四倍大于寅之圜面。❷

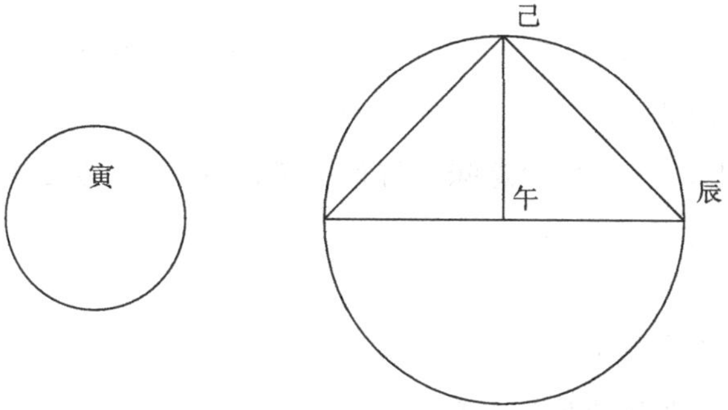

❶ 利瑪竇、『乾坤體義』、巻下
❷ 李之藻、『圜容較義』、「圜容較義」、頁三十一

明末清初期の西洋科学関係書に、「圜面」をはっきりと定義するのは『数理精蘊』しかないのである。その原因は、明末人のイメージには「圜」と「圜面」の区分は曖昧模糊であるか、または無視されたからではないであろうか。『数理精蘊』の編纂者が「圜」と「圜面」を明確に区分したのは18世紀に西洋数学の受容がさらに体系化されたからであろう。

弧線

『数理精蘊』の「弧線」の定義は

凡そ、圜界の長短に拘わらず、其の分界の所は即ち弧線為す。如：乙丙丁戊之圜に、丙より丁まで、丁より戊までの部分は倶に弧線と為す。

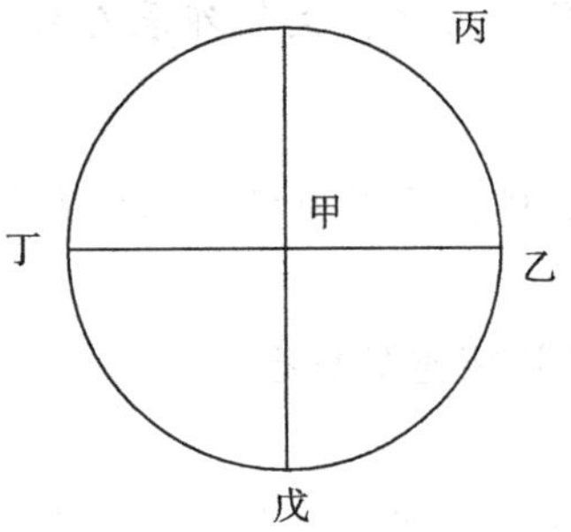

凡圜界不拘長短、其分界之所即為弧線、如乙丙丁戊之圜丙至丁丁至戊倶為弧線。❶

明末の書籍に「弧線」という一語があるのは『新法算書』だけである。しかし、『新法算書』には、「弧線」の定義はかかれていない。そのうえ、この「弧線」という言葉の意味も現代的ではない。『新法算書』巻四十三には、こう述べられていた。

曰く：日星の軌道は皆弧線である。

曰、日星之行皆弧線。❷

❶ 『数理精蘊』上編、巻二、「幾何原本一」

❷ 徐光啟、『新法算書』、巻四十三

清初の洋算書は大量に「弧線」を使ったが、厳密に定義を下すのは『数理精蘊』しかない。また、『数理精蘊』には、
その形は弧に似たより、故に之を命名する。

因其形似弧故名之。❶

よって、「弧線」ということばは新造語である。

圜径、圜心、半径線

圜径、圜心について、『数理精蘊』は、このように定義した。

凡そ円の一界より、円心を通し、相対の界に至って、一つの直線を画く、円を両等分し、即ち圜径為す。

凡圜自一界過圜心至相對之界，畫一直綫，將圜為兩平分，則為圜徑。❷

然し、清初の洋算書は大量に「圜徑」を使ったが、このように定義するのは『数理精蘊』しかない。

「圜徑」の出典を探ると、最も早いのは戰國時期公羊高の『周易輯聞』である。

著韇は革或いは巻木を以て之を塗り、圜徑は五寸である。

著韇以革或巻木漆之圜徑五寸。❸

ここの「圜徑」は現代的直径（diameter）とは同じであると思うが、確証はないそうだ。ただし、「圜徑」が古くから漢籍に固有的なことばであるのは間違いない。

---

❶ 『数理精蘊』上編、巻二、「幾何原本一」

❷ 上同

❸ 公羊高、『周易輯聞・筮宗』、「筮宗述筮第二」

北宋李誠の『營造法式』はこう書いていた、「圜徑内取方一百中得七十一、方内取圜徑一得一」。❶その意味は、直径が100の円の内、正方形の辺の長さは71であり、正方形中の円の直径は辺の長さと同じである。

数学式で表示しよう、直径 $d=100$、辺 a を求めれば、ピタゴラス定理によると、

$$a^2+a^2=d^2 \quad \Rightarrow \quad 2a^2=100^2 \quad \Rightarrow \quad a=\frac{\sqrt{2}}{2}\times 100 \fallingdotseq 70.7$$

よって、『營造法式』中の「圜徑」は「diameter」の意味だ。「圜徑」は漢籍の典拠を有し、そのコンセプトも西洋のと完全に一致である。しかし、現代日中両国も「diameter」を「圜徑」と命名していない。

次に、圜心について考察する。

『数理精蘊』には「圜心」ということばがよく使われるが、「圜心」の論理的な定義はない。

「圜徑」とはちがい「圜心」は新造語である。『文淵閣四庫全書』収録された明末以前の書籍中、その語はない。『幾何原本』、『新法算書』、『同文算指』に「圜心」がある。しかも、『幾何原本』と『新法算書』には精確な定義がある。

> 円の真ん中は円心である。
>
> 圜之中處為圜心。❷

以下、半径線について考察する。

『数理精蘊』の半径線の定義は以下の通りだ。

---

❶ 李誠、『營造法式』、巻二

❷ 利瑪竇、『幾何原本』、巻一
徐光啓、『新法算書』、巻八十四

凡そ、円心より円界に至って、全ての線は輻線と謂う、その長さの度、倶べて等しい。全径を半分に分けるより、故にまたこれを半径線と謂う。

凡自圜心至圜界作幾何線皆謂之輻線其度倶相等因平分全徑之半故又謂之半徑線。❶

「半径線」ということばがある書籍を統計すると、明末は三種（『新法算書』、『乾坤體義』、『圜容較義』）、ほか全部清代の書である。

だが、「半径線」のほか、「半径」という言い方もあった。『数理精蘊』、『新法算書』、『乾坤體義』、『圜容較義』など、「半径線」を使う書籍には、「半径」も混用されていた。

「半径」は漢籍に本来あることばである。西晉劉徽の『九章算術』には、円面積の計算法について、こう書いていた。

術曰く、半周と半径相乗し面積を得る。❷

術曰半周半徑相乘得積步。❸

よって、『九章算術』中の「半径」というとことばは現代の数学用語「半径」と完全に一致する。

現代日中両国ともに、漢訳西書中に一度出た「半径線」を棄て、『九章算術』から使われた「半径」を選んで使う原因は、近代以来「二字語」使用の偏向であると思う。それを論証するため、今後18世紀以後日中両国の数学書中の用語を考察しなければならないであろう。

---

❶ 『数理精蘊』上編、巻二、「幾何原本一」

❷ 周長 $C = 2\pi R \Rightarrow C$ の半分 $= \pi R \Rightarrow C$ の半分 $\times R = \pi R^2 =$ 面積 S

❸ 劉徽、『九章算術』、巻一

垂線、直角、鋭角、鈍角

『数理精蘊』は、直角について、以下のように述べる。

凡そ角の相対する弧は圜界四分之一であれば、此の角は必ず直であり、故に之を直角と謂う。

凡角相對之弧得圜界四分之一者此角必直故謂之直角。❶

「直角」も新造語である。初めてその語を使うのは『幾何原本』が代表する明末の西洋数学書である。❷そのほか、徐光啟が『農政全書』に農具を紹介する時も、「直角」という語を使った。❸

『幾何原本』の「直角」についての説明を例として挙げる。

直線、横直線の上に垂れ、若し両角等しれば、必ず二つの直角成す。而して、下へ垂れる直線者、之を横線の垂線と謂う。

直線垂於横直線之上若兩角等必兩成直角而直線下垂者謂之横線之垂線。❹

ここに、直角だけでなく、垂線も説明される。以下、『数理精蘊』の「垂線」の概念を視てみよう。

故に、凡そ一つの直線を画き、別の線と交し、若し成された角が直角であれば、此の線を垂線と謂う。

---

❶ 『数理精蘊』上編、巻二、「幾何原本一」

❷ 『新法算書』、『乾坤體義』、『圜容較義』、『測量法義』、『表度說』（周子愚，熊三拔）、『奇器圖說』（王徵，鄧玉函（JeanTerrenz））、『同文算指』、『泰西水法』（熊三拔）、『渾蓋通憲圖說』（李之藻）、『簡平儀說』（熊三拔）、『天問略』（陽瑪諾（P.EmmanuelDiaz））

❸ 徐光啟、『農政全書』、巻十九

❹ 利瑪竇、『幾何原本』、巻一之首

故凡畫一直線交於別線其所成之角若直此線謂之垂線。❶

「直角」と同じく、「垂線」も新造語である。
「鋭角」、「鈍角」も新造語である。
『幾何原本』の「鈍角」、「鋭角」、についての定義は次の通りだ。

凡そ、直角より大きい角は鈍角である。
（中略）
凡そ、直角より小さい角は鋭角である。
凡角大于直角為鈍角。
（中略）
凡角小於直角為鋭角。❷

『数理精蘊』には、「鋭角」、「鈍角」に関しては、角の相対する弧を以て説明した。

凡そ角の相對する弧圜界の四分之一に足らざる者、之を鋭角と謂う、四分之一を過ぎる者、之を鈍角と謂う。
凡角相對之弧不足圜界四分之一者謂之鋭角、若過四分之一者謂之鈍角。❸

対角、並角

『数理精蘊』は、「対角」と「並角」の概念について、以下のように述べた。

凡そ二角、両尖相對すれば、之を對角と謂う、二角両尖相並すれば、

❶ 『数理精蘊』上編、巻二、「幾何原本一」
❷ 利瑪竇、『幾何原本』、巻一
❸ 『数理精蘊』上編、巻二、「幾何原本一」

之を並角と謂う。丙乙戊と甲乙丁二角の兩尖、また相對する、故にまた之を對角と謂う。

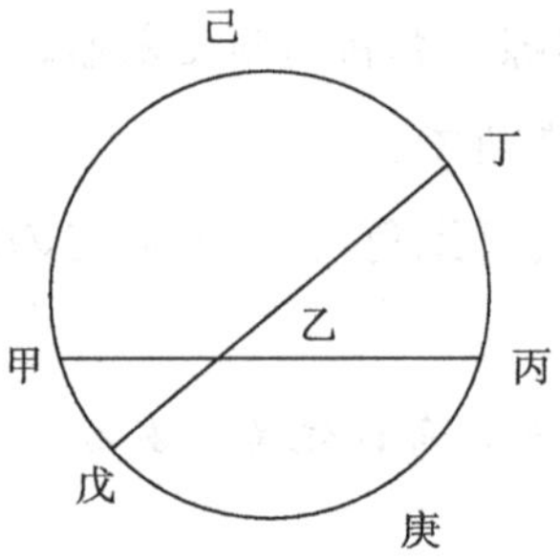

凡二角兩尖相對謂之對角二角兩尖相並謂之並角、丙乙戊甲乙丁二角之兩尖亦相對故亦謂之對角。❶

『幾何原本』にも「対角」という語があるが、完全に違うものである。また、『幾何原本』には、「並角」という用語はない。

『幾何原本』は「対角」の定義がなく、「対角線」を定義する時、直接「対角」という語を使った。

凡そ平行線方形、若し相對する両角、一つ直線を画けば、其の直線は對角線成す。

凡平行線方形若於兩對角作一直線其直線為對角。❷

『幾何原本』に出た「対角線」という語は、現代日中両国の数学用語として採用されたが、『数理精蘊』に出た「対角」は現代中国語も現代日本語も「対頂角」になっている。

明以前の文献には「対角」も「並角」もあるが、「相互に格闘」や「争い合う」の意味で、動詞である。例えば、『太平御覧』に「野獣并角」❸と

❶ 『数理精蘊』上編、巻二、「幾何原本一」
❷ 利瑪竇、『幾何原本』、巻一之首
❸ 李昉、『太平御覧』、巻八百八十九

いう文があり、唐人徐堅の『初學記』に「漢書地理志陳韓鄭並角。」❶（『漢書・地理志』により、陳、韓、鄭が争い合う。）

平行線

『数理精蘊』は、「平行線」についてこう定義した。

> 凡そ二線の間に、寛狭相離の分、倶に等しければ、則ち此の二線を平行線と謂う。
>
> 凡二線之間寛狭相離之分倶等則此二線謂之平行線也。❷

明末以前の漢籍には、「平行線」という語はなかった。この語の最古の出典は利瑪竇の『幾何原本』であるはずだ。『幾何原本』以外に、明末清初刊行されたほぼすべて西洋数学関係の書籍にこの語がある。

『幾何原本』にある「平行線」定義はつぎである。

> 同面における兩直線、無窮に至り行く、相離れずまた相遠ざからずして、相遇うを得ざれば、平行線と為す。
>
> 兩直線於同面行至無窮不相離亦不相遠而不得相遇為平行線。❸

内外角、相對錯角

『数理精蘊』では、同位角を「内外角」、「錯角」を「相對錯角」という、その概念に関して、次のように述べる。

> 凡そ、平行二線の上、一つ斜線を画けば、則ち八つの角成り、此の八やの角、度は相等する者、必ず對角或いは内外角である。
>
> （中略）

---

❶ 徐堅、『初學記』、巻八
❷ 『数理精蘊』上編、巻二、「幾何原本一」
❸ 利瑪竇、『幾何原本』、巻一之首

庚戊乙と戊己丁二角、其の度また相等し、其れは平行二線の内、外に在るにより、故に之を内外角と謂う。甲戊己と戊己丁二角、其の度亦相等し、其れ倶に平行二線の内に在りて、斜線の左右に立つ、故に又之を相對錯角と謂う。

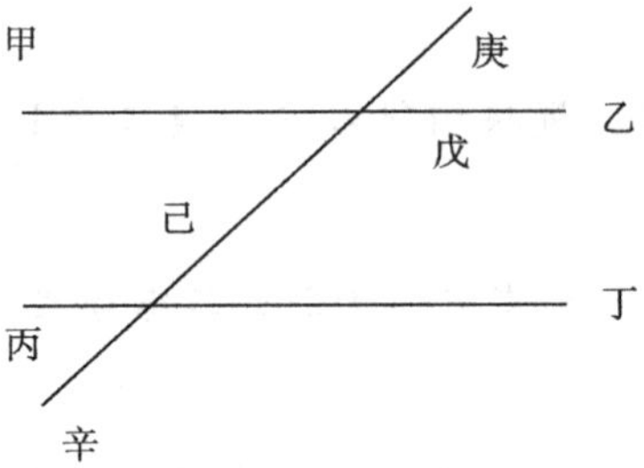

凡平行二線上畫一斜線則成八角此八角度有相等者必是對角或内外角。

（中略）

庚戊乙戊己丁二角其度亦相等因其在平行二線之内外故謂之内外角、甲戊己戊己丁二角其度亦相等因其倶在平行二線之内而立斜線之左右故又謂之相對錯角❶

明末刊行され、「内外角」という語がある西洋数学関係の書籍には、徐光啟の『測量法義』と『新法算書』がある。

『新法算書』は「内外角」に関して、こう叙述する。

兩平行線の同方の内外角は等しい。

兩平行線之同方内外角等❷

「相對錯角」のある西洋数学関係漢籍は、『数理精蘊』と清人莊亨陽の『莊氏算學』二種しかない。また、『莊氏算學』中の叙述は『数理精蘊』とほ

---

❶ 『数理精蘊』上編、巻二、「幾何原本一」

❷ 『測量法義』、頁二十一

ぼ同じである。[1]

直界形、曲界形、三角形

現代語の「平面図形」と「曲面図形」を、『数理精蘊』にはそれぞれ「直界形」、「曲界形」という。その定義はつぎのなものである。

> 凡そ、各種の界に成される形、俱に之を形と謂う、其の直界に成される者、直界形と為す、曲界に成される者、曲界形と為す。凡そ、直界成す所の各形、未だ三角形界より少ない者、有らず、故に三角形、諸形の首と為す。
>
> 凡各種界所成俱謂之形其直界所成者為直界形曲界所成者為曲界形凡直界所成各形未有少於三角形界者故三角形為諸形之首。[2]

「直界形」と「曲界形」という語の出典も『数理精蘊』と『莊氏算學』だけであるが、『莊氏算學』には、その定義はない。[3]

『幾何原本』には三角形を定義する時、「三辺形」[4]を使う一方、また「三角形」という語も使用した。

明末清初の数学書中に「三角形」と「三辺形」は基本的に混用されていたが、『文淵閣四庫全書』の電子版を検索した結果、「三角形」ということばの使用が圧倒的に多い。例えば、『幾何原本』に「三角形」が103ヵ所あったに対して、「三辺形」は僅か14ヵ所であった。『数理精蘊』

---

❶ 莊亨陽、『莊氏算學』巻二に：庚戊乙戊己丁二角相等角一邊謂内外角甲戊己戊己丁二角相等角其尖錯交謂相對錯角。

❷ 『数理精蘊』上編、巻二、「幾何原本二」

❸ 『莊氏算學』巻二に、有衆曲界形、在曲界形之或内或外、作相函之各種直界形、其式若等、亦謂同式曲界形也。（衆曲界形あり、曲界形の或いは内或いは外に、包含される各種の直界形、若し其の式等しければ、また同式曲界形と謂う也。）

❹ 『幾何原本』巻一之首に：「在三直線界中之形為三邉形。（中略）、三邊形三邊線等為平邊三角形。」（三直線界中に在る形、三邉形為す。（中略）、三邊形の三邊線等しければ、平邊三角形為す。）また、巻三の首に：「凡從圜心以兩直線作角偕圜界作三角形。」（凡そ、圜心より、兩直線を以て、角を画き、圜界と共に三角形になる）（ここの三角形は実際に扇形だ。）

に「三角形」が1153ヵ所あり、「三辺形」は16ヵ所あった。

また、地理書である『職方外紀』には、「三角形」という語も使用された。❶

直角三角形、鋭角三角形、鈍角三角形

『数理精蘊』には「直角三角形」、「鋭角三角形」、「鈍角三角形」などの用語があった。それらの定義は次のようである。

> 凡そ三角形の一角、直である者、直角三角形と為す。一角は鈍である者、鈍角三角形と為す。三つの角倶に鋭い者、鋭角三角形と為す。
>
> 凡三角形一角直者為直角三角形一角鈍者為鈍角三角形三角俱鋭者為鋭角三角形。❷

『幾何原本』は「直角三角形」、「鋭角三角形」、「鈍角三角形」の代わりに、「三辺直角形」、「三辺各鋭角形」、「三辺鈍角形」と命名した。❸『新法算書』、『測量法義』にも「三辺直角形」、「三辺各鋭角形」、「三辺鈍角形」という用語を使用した。

また、注意すべき点がある。『新法算書』に「直角三角形」という語もあるが、ここの所謂三角形は、直線形ではなく、曲線形であった。徐光啓はこう書いた。

> 圓線三角形なる者は何か。乃、球心を通す大圏に、相交する三つ

❶ 『職方外紀』巻一に:「地勢為三角形、末鋭處濶不百步、東西氣候無不各極相反。」(地勢は三角形であり、末端の鋭い處の寛さは百歩有らず、東西の氣候は非常相反である。)

❷ 『数理精蘊』上編、巻二、「幾何原本二」

❸ 『幾何原本』巻一之首に:「三邊形有一直角為三邊直角形。」(三邊形は直角一つを有する者が三邊直角形である。)、「三邊形有一鈍角為三邊鈍角形。」(三邊形は鈍角一つを有する者が三邊鈍角形である。)、「三邉形有三鋭角為三邉各鋭角形。」(三邊形は鋭角三つを有する者が三邊各鋭角形である。)

の弧の形である、而して圏の半周に及ばない各弧、成されたもの也。蓋し、形の内に、兩弧共に一角を抱く毎、在間に在る者、之を腰弧と謂う。而して、角に相對する弧、即わち底弧、或いは又、直角三角形内、抱かれた直角弧を以て、底弧及び垂弧と為し、即わち勾股と異ならず。

圓線三角形者何乃過球心大圈相交三弧之形而各弧不及圈之半周所成也盖形内毎兩弧共抱一角在間者謂之腰弧而與角相對之弧即底弧或又謂直角三角形内以所抱直角弧為底弧及垂弧即與勾股不異。❶

『新法算書』以外、明末数学関係書には「直角三角形」、「鋭角三角形」、「鈍角三角形」などのことばはなかった。

清初の数学書籍には、杜知耕の『幾何論約』と方中通の『數度衍』を除き❷、ほぼ『数理精蘊』と同じく、「三辺直角形」、「三辺各鋭角形」、「三辺鈍角形」という言い方を採用せず､対して「直角三角形」､「鋭角三角形」、「鈍角三角形」の使用が基本的に定着した。

等辺三角形、両等辺三角形、不等辺三角形

『数理精蘊』中の定義は以下の通りだ。

凡そ三角形、其の三邊の線度等しい者、等邊三角形と為す、兩邊線度等しい者、兩等邊三角形と為す、三邊線度倶に不等の者、不等邊三角形と為す。

凡三角形其三邊線度等者為等邊三角形兩邊線度等者為兩等邊三角形三邊線度倶不等者為不等邊三角形。❸

---

❶ 『新法算書』、巻十八

❷ 『幾何論約』は『幾何原本』と略同じく、こう述べていた：「三邉形有一直角為三邉直角形三邊形有一鈍角為三邊鈍角形三邊形三角皆鋭為三邊鋭角形。」

❸ 『数理精蘊』上編、巻二、「幾何原本二」

最も早く「等辺三角形」という語を使うのは、利瑪竇の『乾坤體義』と李之藻の『圜容較義』であった、両書の叙述は同じであった。

各邊、俱に等しい甲乙丙と丙丁戊は、等邊三角形と為す（邊、角俱に等しい）。

各邊俱等則甲乙丙丙丁戊為等邊三角形邊角俱等。[1]

しかし､利瑪竇は『幾何原本』で等辺三角形を「平辺三角形」と呼んだ。

三邊形、三邊線等しく、平邊三角形と為す。

三邊形三邊線等為平邊三角形。[2]

また､『新法算書』には「等邊三角形」､「平邊三角形」､「三等邊三角形」三つの言い方を混用した。巻八十五に：

三邊線相等しれば、等邊三角形と為す、亦平邊三角形と為す。

三邊線相等為等邊三角形亦為平邊三角形。[3]

また、巻五十七に：

北河二大星と五諸侯中星を三等邊三角形と為す。

北河二大星與五諸侯中星為三等邊三角形。[4]

また、梅文鼎の『歴算全書』にも「等邊三角形」と「平邊三角形」が

---

❶ 『乾坤體義』巻下、『圜容較義』、p23
❷ 『幾何原本』、巻一之首
❸ 『新法算書』、巻八十五
❹ 上書同、巻五十七

混用された。❶

「両等辺三角形」という語を使用した書籍は清初の『歴算全書』と『数理精蘊』だけである。

『歴算全書』には、こう述べていた。

謹んで、尺算上の両等邊三角形を按じて、之を分ける。
謹按尺算上両等邊三角形分之。❷

明末数学関係書と清初の『幾何論約』、『數度衍』は、全部「両辺等三角形」という語を使った。

『幾何原本』を例として視てみよう。

三邊形、両邊線等し有り、両邊等三角形と為す。
三邊形有両邊線等為両邊等三角形。❸

「不等辺三角形」という語はあまり使わなかった。明末数学書は『新法算書』しかない。❹

外角、角之平分線

『数理精蘊』中「外角」の定義は以下の通りである。

凡そ三角形の一界線より、引きのばし、一つの外角と成す、此の外角の度、三角形内に有する二つの鋭角と等しい。

---

❶ 『歴算全書』巻五十八に：「解曰く、甲戊庚丁平方形為す、丁丙甲等邊三角形為す。」（解曰甲戊庚丁為平方形丁丙甲為等邊三角形。）巻五十五に：「夫れ、丁子巳既に平邊三角形と為す。」（夫丁子巳既為平邊三角形。）

❷ 『歴算全書』、巻三十九

❸ 『幾何原本』、巻一之首

❹ 『新法算書』巻八十五に：「三邊線倶に不等である者、不等邊三角形と為す。」（三邊線倶不等為不等邊三角形。）

凡三角形自一界線引長成一外角此外角度與三角形内所有之二鋭角等。❶

『幾何原本』には「外角」についての定義はないが、「外角」という語は使われた。

解曰く、甲乙丙角形、乙甲線より、之を丁に至って引き、題言い、外角丁甲丙は必ず相對の内角甲乙丙と甲丙乙より大きい。

解曰甲乙丙角形自乙甲線引之至丁題言外角丁甲丙必大于相對之内角甲乙丙甲丙乙。❷

だが、「外角」という語は、明朝以前の漢籍にもあったが。そのコンセプトは異なる。南宋嚴粲の『詩緝』には、「廉隅たる者、屋の外角、人のおもてに威儀有りを比喩する」（廉隅者屋之外角、喩人之外有威儀也❸）があった。

角之平分線

「角之平分線」という語を使用したのは『数理精蘊』しかない。『数理精蘊』はこう述べた。

兩邊相等する三角形有り、上の角より、底線に至って、一つの直線を画き、底線を兩平分と為し、則ち此の線、上の角之平分線と為す、また又底線の垂線と為す也。

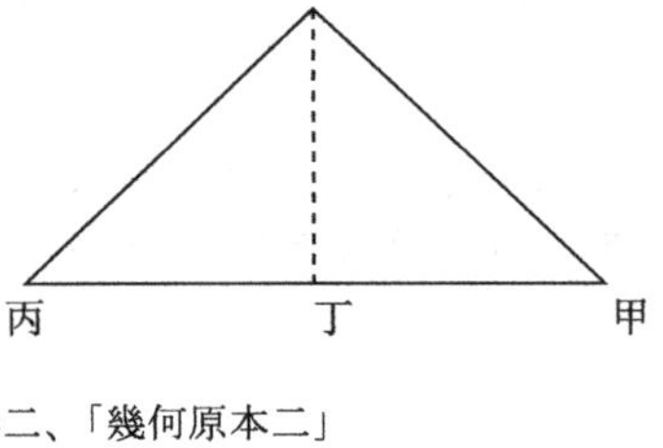

❶ 『数理精蘊』上編、巻二、「幾何原本二」

❷ 『幾何原本』、巻一

❸ 嚴粲、『詩緝』、巻二十九

有兩邊相等之三角形、自上角至底線、畫一直線、將底線為兩平分、則此線為上角之平分線、又為底線之垂線也。❶

正方形、長方形、斜方形、等辺斜方形、両等辺斜方形、不等辺斜方形

『数理精蘊』には、それぞれをこう定義した。

凡そ、四邊線に函された四角者、其の形五つ有り、四邊線度の等しくて、角度亦等しい者、正方形と為す、四角直でありて、兩邊線短く兩邊線長き者、長方形となす、四邊線度等しくて、角度不等である者、等邊斜方形と為す、兩邊線長く兩邊線短くて、角度又不等である者、兩等邊斜方形となす、以上四つの形、倶に平行線より出される、如え四邊線不等であり、亦不平行でありても、四角度又不等者なれば、不等邊斜方形と為す。

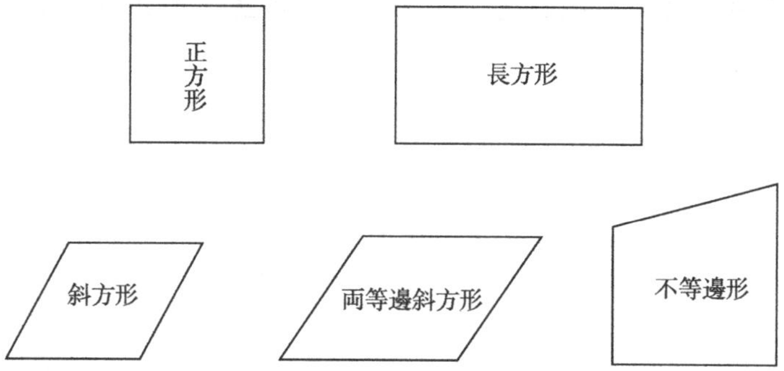

凡四邊線函四角者、其形有五、四邊線度等、而角度亦等者、為正方形。四角直、而兩邊線短、兩邊線長者、為長方形。四邊線度等、而角度不等者、為等邊斜方形。兩邊線長、兩邊線短、而角度又不等者、為兩等邊斜方形。以上四形、倶自平行線出。如四邊線不等、亦不平行、而四角度又不等者、為不等邊斜方形。❷

❶ 『数理精蘊』上編、巻二、「幾何原本二」
❷ 『数理精蘊』上編、巻二、「幾何原本三」

以上の引用のように、『数理精蘊』の説明文に、菱形を「等邊斜方形」と呼んだが、参照図には、「斜方形」という語を使った。また、不等辺四辺形を説明文では「不等邊斜方形」と書いたが、参照図には、「不等邊形」という語を使った。

「正方形」という語が出た最も古い漢籍は、『新法算書』だが、それについての定義はない。『新法算書』には、「直角方形」という語も使われた。また「直角方形省略して正方と曰く」(直角方形省曰正方[1]) という説明もあった。

明末数学書には、「直角方形」という言い方は普遍であった。長方形の言い方について、現代語と同じく「長方形」も使用されたが、「直角形」という語が普遍的に使われた。『幾何原本』はこう定義した。

> 直角形、其の角倶に直角であり、其の邊両両に相等する、如：上の甲乙丙丁形。

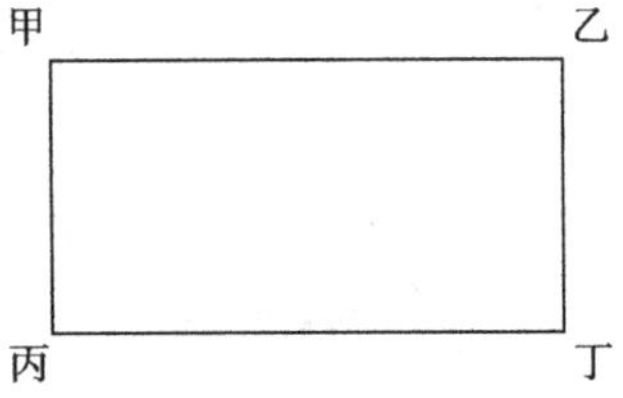

> 直角形其角倶是直角、其邊両両相等、如上甲乙丙丁形。[2]

また、『新法算書』には、長方形を「長直方形」と呼んだ。[3]

「斜方形」は現代語にも使われている。その語の生成も明末である。『幾

❶ 『新法算書』、巻二十一

❷ 『幾何原本』、巻一之首

❸ 『新法算書』巻八十六に：「四邊両両相等而倶直角者為長直方形。」(四邊両両相等しに而して、倶直角ある者は長直方形と為す。)

何原本』には、こう書いた。

斜方形は四邊等しい、倶に直角にあらず。
斜方形四邊等倶非直角。❶

『新法算書』には、

四邊等しく、但し直角にあらざる者、斜方形と為す。
四邊等但非直角者為斜方形。❷

「等辺斜方形」という語を使った漢籍は『数理精蘊』しかない。「両等辺斜方形」という語を使ったのも『数理精蘊』しかない。現代語で、「両等辺斜方形」は「平行四辺形」である。明末の『幾何原本』には、「平行線方形」と言った。❸『新法算書』には「平行線方形」という語もあったが、それは長方形を指していた。❹

「不等辺斜方形」は現代語の「不等辺四辺形」であるが、「不等辺斜方形」という語を使ったのも『数理精蘊』しかない。『幾何原本』、『新法算書』、『奇器図説』、『暦算全書』には「無法四辺形」と命名した。

切線、切圜

『数理精蘊』には、「切線」はこう定義された。

凡そ、直線有り、圜界に切し、圜界と相交せざる者、之を切線と

❶ 『幾何原本』、巻一之首

❷ 『新法算書』、巻八十六

❸ 『幾何原本』巻一之首に:「一形每兩邊有平行線為平行線方形」(一形、兩邊每に、平行線有り、平行線方形と為す)。

❹ 『新法算書』巻二十二に:「兩直角三邊形又合成一平行線方形」(兩直角三邊形を合して、また一平行線方形と為す)。

謂う。如：甲乙丙線丁圜に切す。

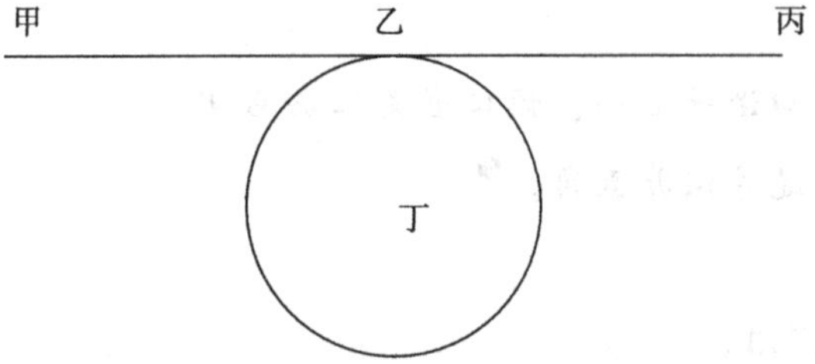

凡有直線切於圜界而不與圜界相交者謂之切線如甲乙丙線切於丁圜。❶

『幾何原本』には、「切線」について、こう述べた。

凡そ、直線、圜界を切し、之を過ぎて、界に交せざる者、切線と為す。

凡直線切圜界過之而不與界交為切線。❷

『数理精蘊』と『幾何原本』以外、『新法算書』、『圜容較義』、『乾坤體義』、『通雅』（方以智）、『歴算全書』、『數度衍』、『莊氏算學』など、明末清初の数学書は共通して、「切線」を使った。

切圜について、『数理精蘊』はこう定義した。

又如き、一圜と一圜の界と相切して、相交せず、則ち之を切圜と謂う。假りに戊圜と己圜、庚界に相切すれば、二界相交できず、故に又之を切圜と謂う也。

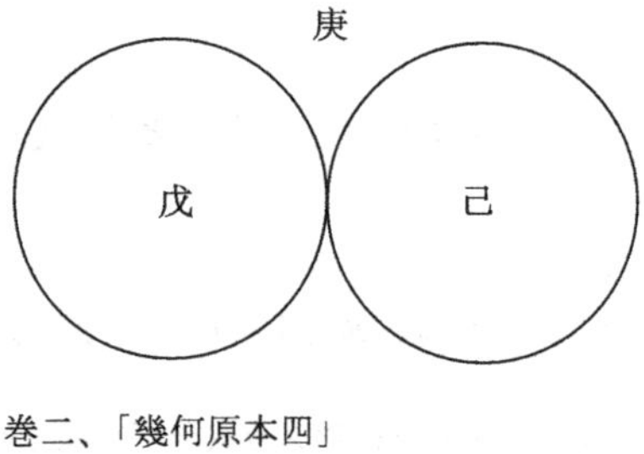

❶ 『数理精蘊』上編、巻二、「幾何原本四」

❷ 『幾何原本』、巻三之首

又如一圜與一圜界相切而不相交則謂之切圜假如戊圜與己圜於庚界相切二界總未相交故又謂之切圜也。

『幾何原本』に、「切圜」について、こう述べた。

凡そ、兩圜相切して、相交せず、切圜と為す。
凡兩圜相切而不相交為切圜。❶

「切線」の場合と同じく、明末清初に刊行された数学書は「切圜」という語も共通して使用した。

弦線、弧分角

『数理精蘊』は、「弦線」をこう定義した。

凡そ、一直線、圜の兩界を横に分け、之を弦線と謂う。
凡一直線横分圜之兩界謂之弦線。

『幾何原本』には、この種の線を「弦」と命名した。

圜を割れる直線、弦と為す。
割圜之直線為弦。❷

ここの「弦線」或いは「弦」は、「chord」の意である、また『数理精蘊』と『幾何原本』には、「hypotenuse」をも「弦線」或いは「弦」と訳した。『康熙字典』により、漢字「弦」は、「弓の弦」の意である。❸「chord」の意

❶ 『幾何原本』、巻三之首
❷ 上同
❸ 『康熙字典』【寅集下】【弓字部】

をもつ数学用語として使うのは、『幾何原本』などの漢訳西洋数学書以後である。

『数理精蘊』には、「弧分角」はこう定義されていた。

> 弧と弦相交し、成された二つ角、之を弧分角と謂う。
> 弧與弦相交所成之二角謂之弧分角。❶

「弧分角」という語は、『数理精蘊』にしかない。『数理精蘊』とは違い、『幾何原本』は「圜分角」という語を使った。❷また『幾何論約』と『数度衍』二種の書も「圜分角」という語を採用した。

分圜面形

『数理精蘊』には、「分圜面形」をこう定義した。

> 凡そ、ある圜の二つの輻線、弧の一段を截し、成された三角形、之を分圜面形と謂う。
> 凡一圜有二輻線截弧之一段所成之三角形謂之分圜面形。❸

「分圜面形」という語は、『数理精蘊』にしか使われていない。『幾何原本』には、「分圜形」と言った。❹現代語で、この図形を「扇形」と言う。

切線、割線、弦線

『数理精蘊』に「切線」、「割線」、「弦線」について、こう述べる。

---

❶ 『数理精蘊』上編、巻二、「幾何原本四」

❷ 『幾何原本』、巻三之首に：「凡圜界偕直線内角為圜分角。」（凡そ、圜界と直線の内の角圜分角と為す。）

❸ 『数理精蘊』上編、巻二、「幾何原本四」

❹ 『幾何原本』、巻三之首に：「凡從圜心以兩直線作角偕圜界作三角形為分圜形。」（凡そ、圜心より、兩直線を以て、角を画き、圜界と共に、なされた三角形は為分圜形である。）

如き、甲圜の甲乙輻線、乙の末に、丙乙垂線を画く、復圜心甲より、圜界戊に至って、割り出し、丙乙垂線の丁に至って、延べて、甲丁線を引き、又圜界戊より、甲乙輻線に至って、戊己垂線を引き、則ち、三種の線となす、此三線の内、丁乙線は乙戊弧の切線と成す、甲丁線は乙戊弧の割線と為す、戊己線は乙戊弧の正弦と為す。

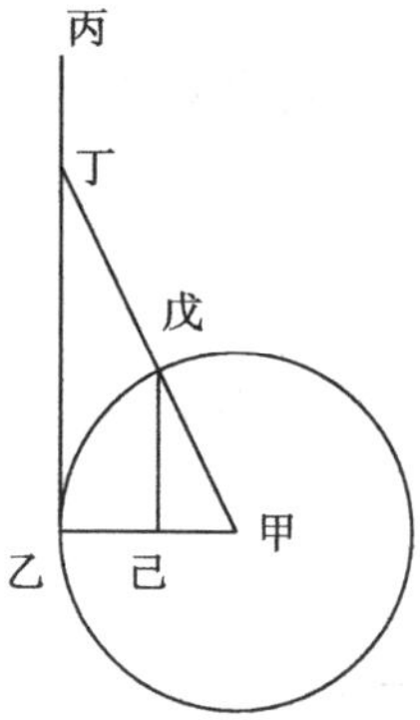

如甲圜之甲乙輻線于乙末作丙乙垂線復自圜心甲至圜界戊割出至丙乙垂線丁分作甲丁線又從圜界戊至甲乙輻線作戊己垂線則成三種線此三線内丁乙線為乙戊弧之切線甲丁線為乙戊弧之割線戊己線為乙戊弧之正弦。❶

『幾何原本』に、この三線に関する論述はなかったが、『新法算書』、『暦算全書』には「切線」、「割線」、「弦線」を利用し、弧度の計算法を紹介した。

中垂線

『数理精蘊』には「中垂線」についての定義がなく、直接そのことばを使った。

圜界内に接する等邊衆界形、其の圜心より衆界に至って、引かれた中垂線、一直角三角形の小邊の度と等しい。

❶ 『数理精蘊』上編、巻二、「幾何原本四」

圜界内函等邊衆界形其圜心至衆界所作中垂線與一直角三角形之小邉之度等。❶

『幾何原本』に、「中垂線」に関する論述はなかったが、『新法算書』には、定義があった。

形心より、邉に至って、直角に成された者は中垂線と為す、有法形の各中垂線、必ず等しい、無法形の各邉は等しくないので、中垂線もまた等しくない。

從形心至邉作直角者為中垂線有法形之各中垂線必等無法形各邉不等中垂線亦不等。❷

平面上所立垂線、平面上所立直面

「平面上所立垂線」について、『数理精蘊』はこう定義した。

平面の上に立つ直線、少ぶる偏倚無し、其の各邊に生じられた角、必ず倶に直であり、則ち、之を平面上所立垂線と謂う也。如き、甲乙の平面に正立する一丙丁線、不偏不倚であり、此れ即ち、平面上所立之垂線と為す矣。

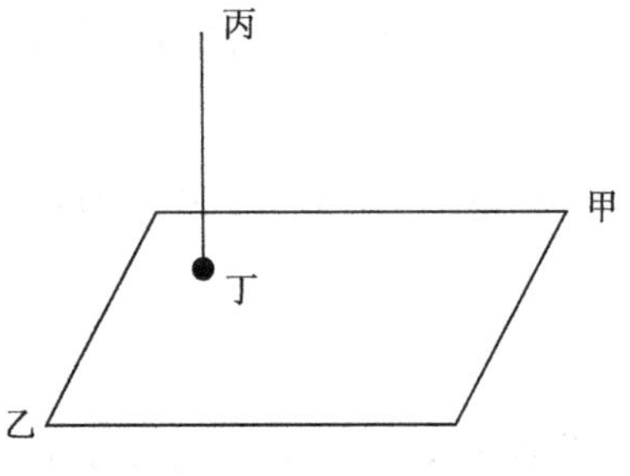

平面之上所立直線無少偏倚其各邊所生之角必倶直則謂之平面上所

❶ 『数理精蘊』上編、巻二、「幾何原本四」
❷ 『新法算書』、巻九十

立垂線也如甲乙之平面正立一丙丁線不偏不倚此即為平面上所立之垂線矣。❶

「平面上所立直面」について、『数理精蘊』はこう定義した。

平面の上に、また一つ平面を立たせ、少ぶる偏倚無く、其の兩邊に成された角、必ず皆直角と為す、則ち之を平面上所立直面と謂う也。

平面上復立一平面無少偏倚其兩邊所成之角必皆為直角則謂之平面上所立直面也。❷

『幾何原本』には、立体幾何学の内容はないので、平面の垂線についての論述もない。『圜容較義』には、そのまま「垂線」ということばを使った。❸

『莊氏算學』には「平面上所立直面」を「平面上之直平面」と命名した。❹

平行面

「平面上所立垂線」について、『数理精蘊』はこう定義した。

凡そ、兩平面相對す、其れに立つ衆垂線、度倶に各相等し、則ち此の相對する平面を平行面と謂う也。

凡兩平面相對其所立衆垂線度倶各相等則此相對之平面謂之平行面也。❺

『測量法義』に「平行面」についての定義はなく、「平行面」ということばを直接に使った。

---

❶ 『数理精蘊』上編、巻二、「幾何原本五」

❷ 上同

❸ 『圜容較義』頁二十九に：「從丁至甲乙丙各面為垂線。」（丁より甲、乙、丙各面に至り垂線を引く。）

❹ 莊亨陽、『莊氏算學』、巻二

❺ 『数理精蘊』上編、巻二、「幾何原本五」

丁丙をして地平面或いは地平の平行面と為させしむ。

令丁丙為地平面或為地平平行面。❶

厚角

『数理精蘊』に、「厚角」をこう定義した。

凡そ、各面相合し、其の面の角の合う処、また一種の體角に成り、則ち之を厚角と謂う。

凡各面相合其毎面之角所合處復成一種體角則謂之厚角。❷

『数理精蘊』以外に、「厚角」という語を有する数学書は、『莊氏算學』であった。

三面、四面以上から、其の各瓣相並しなされた角を厚角と謂う。

自三面四面以上其各瓣相並所存之角謂之厚角。❸

圓体

『数理精蘊』に球体を「圓体」と言う。その定義は、

全體、角度なさず、ただ圓の圓面現れ、則ち之を圓體と謂う。

全體不成角度止現圓之圓面則謂之圓體。❹

『数理精蘊』に、立体図形を論じる時、「立体」と「平面」を問わず、「圜」字の代わりに、「圓」字を使った。『莊氏算學』中の「圓体」についての

❶ 徐光啓、『測量法義』、頁三

❷ 『数理精蘊』上編、巻二、「幾何原本五」

❸ 『莊氏算學』、巻二

❹ 『数理精蘊』上編、巻二、「幾何原本五」

定義は『数理精蘊』とほぼ同じである。

以上に挙げられ二種以外、明末清初の数学・天文学関係書には、「圓体」の定義はなく、その語を直接使用した。例えば、陽瑪諾（P.Emmanuel・Diaz）の『天問略』に「地為圓體懸于空際」（地球は円体であり、宇宙に懸いている）の文があった。

「圓体」は漢籍に固有の用語である。『周髀算經』に「蓋天合地上地下兩半圓體」[1]（蓋し、天は地上と地下の二つの半圓體を合する）のような文が書かれていた。また、仏教関係の書籍にも「圓体」ということばを動詞として使った。

平面正方体、平行長方体、長圓体、尖瓣体、尖圓体

『数理精蘊』に出たその五つの用語は『莊氏算學』にもあった、それぞれ現代語の「立方体」、「直方体」、「円柱」、「角錐」、「円錐」を指していた。「尖圓体」以外、全部清代から使われたことばであった。

「尖圓体」という語は『乾坤體義』にあったが、「円錐台」の意であった。[2]

四面体、六面体、十二面体、二十面体

その四つのことばは、『数理精蘊』、『莊氏算學』、『新法算書』にあった。他の数学書にはなかった。

比例、同理比例、相当比例、正比例、反比例

『数理精蘊』に出た以上の五つの用語は、それぞれ現代語の「比例」、「正比例」、「反比例」の意であった。「同理比例」、「相当比例」、「正比例」は実質同じことであった。[3]『幾何原本』にも、「比例」と「同理比例」という用語があった。[4]

また、「比例」ということばは、明以前の漢籍にも、多く使われたが、それは「参照する」或いは「参照物」の意であった。例えば、『韓非子』

---

❶『周髀算經』、「提要」
❷『乾坤體義』、巻中
❸『数理精蘊』上編、巻三、「幾何原本六」
❹『幾何原本』、巻五之首

元代人何犿の注本に、「以先王之法為其比例也[1]」(先王の法を其れの基準と為す也)という注釈文があった。

同式形

『数理精蘊』に、相似形を「同式形」と言う。その概念はつぎのようだ。

此の兩小形の相當する角度、大形の相當する角度と同じ、亦必ず、倶に等しい、故に皆同式形と謂う。

此兩小形之相當角度與大形之相當角度亦必倶等故皆謂之同式形。[2]

また『莊氏算學』と『歴算全書』以外、「同式形」という語はなかった。

『幾何原本』に、現代語と同じく、「相似之形」と命名した。

凡そ、形相當の各角、等しくして、各等角旁の兩線の比例、倶に等しければ、相似之形と為す。

凡形相當之各角等而各等角旁兩線之比例倶等為相似之形。[3]

奇、偶

「奇」、「偶」について、『数理精蘊』はこう述べていた。

數の目は広いが、總べて、奇、偶に出ず。

數之目雖廣總不出奇偶。[4]

「奇」と「偶」は漢語の固有語である。例えば、朱熹の『原本周易本義』に「伏羲仰觀俯察見陰陽有奇偶之數[5]」(伏羲は仰觀俯察して、陰陽奇偶之數が有ると分かった)の叙述がある。

---

[1] 何犿注本、『韓非子』、巻二

[2] 『数理精蘊』上編、巻三、「幾何原本八」

[3] 『幾何原本』、巻六之首

[4] 『数理精蘊』上編、巻五、「算法原本一」

[5] 朱熹、『原本周易本義』、巻一

平方数、立法数

『数理精蘊』中の「平方数」、「立法数」の概念はつぎのようである。

> 凡そ兩數、相乘し、平方數と為す。
> （中略）
> 凡そ三數、相乘し、立方數と為す。
> 凡兩數相乘為平方數。
> （中略）
> 凡兩數相乘為平方數。❶

「平方数」、「立法数」の概念は、中国数学典籍も用いた。南宋人秦九韶の『數學九章』には、「平方数」という語を用い、「立法数」を「三乗法数」と言った。❷

また、『九章算術』（東晋）には「開平方百之面十其開立方則千之面十❸」（平方を開いたら、百は十を得る、立方を開いたら、千は十を得る。）の叙述があった。

分子、分母、約分、通分

『数理精蘊』には、「分子」、「分母」、「約分」、「通分」という用語を直接使用し、定義はしなかった。『九章算術』に「分子」、「分母」、「約分」、「通分」全てあったから、その四つの語は漢籍固有のことばである。

方根

「方根」という語は明以前の漢籍になかった。『新法算書』に湯若望が「方根表」を作ったことを言及するので、その語は明末の新造語である。『数理精蘊』には、その語についての定義はなく、直接使った。

❶ 『数理精蘊』上編、巻五、「算法原本一」
❷ 秦九韶、『數學九章』、巻三上
❸ 『九章算術』、巻四

第三節:『数理精蘊』の数学用語表

①明末以前の漢籍にあり、『数理精蘊』中の語意も完全に一致する用語を下表に挙げる。

『数理精蘊』の数学用語表1

『数理精蘊』	明末以前の漢籍	現代中国語	現代日本語
度	度	度	度
点	点	点	点
線	線	線	線
面	面	面	面
体	体	体	体
角	角	角	角
圜、圓	圜、圓	圓（円）	円（圓）
圜徑	圜徑、徑	直径	直径
半徑線、半徑、幅線	半徑、幅線	半徑	半徑
圓体	圓体	圓体、球体	球体
奇	奇	奇数	奇数
偶	偶	偶数	偶数
平方数	平方数	平方数	——
平方	平方	平方	平方
立方	立方、三乗方	立方、三次方	立方
分子	分子	分子	分子
分母	分母	分母	分母
約分	約分	約分	約分
通分	通分	通分	通分

②明末以前の漢籍にあり、『数理精蘊』中の語意と異なる用語を下表に挙げる。

『数理精蘊』の数学用語表2

『数理精蘊』	明末以前の漢籍	現代中国語	現代日本語
対角	対角（動詞）	対頂角	対頂角
外角	外角（そとの隅）	外角	外角
比例	比例（参照する）	比例	比例

③明末の新造語であり、『数理精蘊』もそのまま使う用語を下表に挙げる。

『数理精蘊』の数学用語表3

『数理精蘊』	明末の新造語	現代中国語	現代日本語
曲線	曲線	曲線	曲線
圜界	圜界	圓周（円周）	円周（圓周）
圜面	圜面	圓面	円の面
弧線	弧線	弧線、弧	弧
圜心	圜心	圓心（円心）	円心（圓心）
垂線	垂線	垂線	垂線
直角	直角	直角	直角
鈍角	鈍角	鈍角	鈍角
鋭角	鋭角	鋭角	鋭角
平行線	平行線	平行線	平行線
内外角	内外角	同位角	同位角
三角形、三辺形	三角形、三辺形	三角形、三辺形	三角形
等辺三角形	等辺三角形、平辺三角形、三等邊三角形	等辺三角形、正三角形	正三角形
不等辺三角形	不等辺三角形	不等辺三角形	不等辺三角形
正方形	正方形、直角方形	正方形	正方形、真四角
等邊斜方形、斜方形	斜方形	菱形	斜方形、菱形
長方形	長方形、直角形、	長方形	長方形、直角四辺形
切線	切線	切線	切線、接線

续表

『数理精蘊』	明末の新造語	現代中国語	現代日本語
切圜	切圜	外切円	外接円
弦線	弦線	弦線、弦	弦
弦線（三角関数の方）	弦線	弦線	弦線
割線	割線	割線	割線
中垂線	中垂線	中垂線、垂直平分線	
平行面	平行面		
四面体	四面体	四面体	四面体
六面体	六面体	六面体	六面体
十二面体	十二面体	十二面体	十二面体
二十面体	二十面体	二十面体	二十面体
比例	比例	比例、比	比、比例
同理比例	同理比例、同理之比例	正比例	正比例
方根	方根	方根	方根
割円八線	割円八線		

④明末の新造語があるが、『数理精蘊』では変化した用語を下表に挙げる。

『数理精蘊』の数学用語表4

『数理精蘊』	明末の新造語	現代中国語	現代日本語
直角三角形	三辺直角形	直角三角形	直角三角形
鋭角三角形	三辺各鋭角形	鋭角三角形	鋭角三角形
鈍角三角形	三辺鈍角形	鈍角三角形	鈍角三角形
両等辺三角形	両辺等三角形	等腰三角形、両等辺三角形	二等辺三角形、等脚三角形
不等辺四辺形	無法四辺形	不規則四辺形	不等辺四辺形
両等辺斜方形	平行線方形	平行四辺形	平行四辺形
——	尖圜体	円台	円錐台
同式形	相似之形	相似形	相似の形
弧分角	圜分角	——	——

⑤『数理精蘊』に出た清初の新造語。

『数理精蘊』の数学用語表5

『数理精蘊』	清初の他の命名法	現代中国語	現代日本語
相對錯角	——	内錯角	錯角
直界形	——	平面図形	平面の図形
曲界形	——	曲面図形	曲面の図形
角之平分線	——	角平分線	角の平分線
分圜面形	——	扇形	扇形
平面上所立直面	平面上之直平面	——	——
平面上所立垂線	——	——	——
厚角	——		
平面正方体	——	立方体	立方体
平行長方体	——	長方体	直方体
長圜体	——	円柱	円柱
尖瓣体	——	棱柱	角錐
尖圜体	——	円錐体	円錐
相当比例	——	正比例	正比例
正比例	——	正比例	正比例
反比例	——	反比例	反比例
対数		対数	対数

小　括

イエズス会の宣教にともない、多くの西洋書籍が漢訳され、様々な分野において大量の新しい用語が作られた。そのうち、地理学の用語、人文学および神学哲学の用語はよく研究されている。しかし、現在でもかなり使われている漢訳数学用語について、体系的研究はまだ見当たらない。本章で、春秋戦国時代から明末までの中国数学書および漢訳数学書を利用して、『数理精蘊』中の数学用語の典拠を考察した。『数理精蘊』中の用語のうち、どれが伝統的な用語であり、どれが新造語であるかという問題を解明した。

また、明清時代あるいは江戸時代に、同じ数学概念にいくつかの用語が使われたため、本論文の用語研究は近世日中両国における数学文献の解読にも有益であろう。本章に基づいて、第五章で江戸後期の和訳洋書中の数学用語について研究を行う。

第五章
江戸後期の和訳洋書中の数学用語

江戸時代は、日本数学史上で日進月歩の一時期であった。和算は発展していた一方、西洋数学も日本に移入した。周知の通り、西洋数学の移入は二つの経路を通っていた。一つは蘭書により当時のヨーロッパの数学を直接導入するもの、一つは、中国にいた宣教師が翻訳し、梅文鼎などの中国人数学者が編纂した漢訳西洋数学書により、間接移入したものである。蘭書の翻訳においては、志筑忠雄がその代表的な学者である。其の訳著は主に『暦象新書』(3編4冊、享和2、西紀1802年完訳)、『火器発法伝』(天明7、西紀1787)、『日蝕絵算』(享和3、西紀1803)、『三角提要秘算』(享和3、西紀1803)などがある。其の中、『暦象新書』、『火器発法伝』、『三角提要秘算』は、英国人John Keill著作の蘭訳本(John Keill, Inleiding tot de waare natuur- en sterrekunde. Leiden, 1741.)を翻訳して、著わしたものであるが、内容は原本そのままではなく、翻訳に際して、漢訳西書『暦算全書』、『天経或問』をも参考にした。

明治維新時期、日本は旧来の学問を捨て新学問を迎えるという方針の下に、数学においても洋算を採用して和算を廃棄した[1]。志筑忠雄の訳著は、日本最初の西洋数学に関する著作であり、後世への影響が大きい。

江戸後期から、和、漢、蘭の三学が鼎立している時代背景下、新旧学問が融合し、東西学術が混交しながら、新しい学術用語が次々と現れたのは

[1] 『明治前日本数学史』、第四巻、第15節、「明治時代への移行」、p164

当然のことであろう。同時に、新しい学問体系の中で、新たな概念に一致するように、旧来の語彙を一部捨てる場合もあった。そのため、江戸後期の和訳洋書中の数学用語を研究題目として、注目する必要があると認識し、本章を記すに至った。本章は、志筑忠雄の訳書を中心として論述を行う。

第一節：和漢典籍からの継承

この種類の用語は、主に初等数学中の基本概念についての用語である。

1. 点、線、面、体

志筑忠雄の訳著は、数学を基礎から論じる著作ではないため、漢訳書『数理精蘊』のように、これらを定義する論述を行わなかった。『暦象新書』[1]と『火器発法伝』とは、直接これらの概念・用語が大量に使われる。ここではそれぞれ一例を挙げたいと思う。

『暦象新書』上編巻の上、第一図解に、以下のように述べている。

> 亜より胼に至るを眼球の上面とす、田厄を眼底とす、所謂羅紋膜是也、又世を眼心とす、央府を外物の全径とす、此時府点の光は、府世海の直線に従て、入来りて海点に止まり、央点の光は央世留の直線に従て、入来り留点に止まる。[2]

『暦象新書』上編巻の上、第三図解に、以下の様な叙述がある。

> 測器を転じて胼を器の平面にあらしめ、器照星を以て、見透さんことを求むべし、胼既に器面に見るに及で、田央と亜胼と同度なる

❶ 本論文は、文明源流叢書シリーズの活字版をもちいた。
❷ 『暦象新書』上編巻の上、第一図解

ことを得、是故に田央の度数を知ば、即両体相距る度数を知なり、測器に度分を刻たるが故に、田央の度分知ぬべし、❶

2. 角、角の度、正角、三角（形）、方形、八角、十六角、三十二角、六十四角、百二十八角、二百五十六角、辺

「角」も基本的な概念であり、先秦の経典『詩経』「小雅・大東」には、「三星鼎足、而成三角」という文句がある。ここでいう「角」は「angle」の意味である。即ち、「三星」は三つの点であり、その点より形成された図形が、「angle」であるという意味であると確定できる。初めて西洋幾何学体系に即して「角」のことを厳密に定義した漢訳西書は、明末清初の『幾何原本』と『数理精蘊』などである❷。志筑忠雄の訳著中には、「角」を定義しないまま、直接使用した。

志筑忠雄は『暦象新書』上編巻の上、第四図解に、以下の叙述がある。

今田央各点より横に引たるに、線府に至て合一するが如きは、交て田府央の角をなす、其視径の大小は其角の度の多少に随ふ、❸

志筑忠雄は、直角を「正角」と称し、同時にその定義もした。

何の三角形も、三角の度数を積ば、二箇の正角となる、二正は二九の百八十度なり、即ち半圓の度なり、❹

正角とは、一象限九十度の角をいへり❺

上の叙述は、即ち以下の等式である。

正角＝90度 ⇒ 三角形の三つの内角の和＝二つの正角

❶『暦象新書』上編巻の上、第三図解

❷『数理精蘊』上編、巻二に、こうのような定義がある：「線有直曲兩種、其二線之一端相合、一端漸離、必成一角。二線若俱直者、謂之直線角、一線直、一線曲者謂之不等線角。二線俱曲者、謂之曲線角。」

❸『暦象新書』上編巻の上、第四図解

❹『暦象新書』下編巻之上、求心常経張本、第三正対両点内外等角解、第一段三角二正

❺『暦象新書』中編巻之上、旋輪第二段張本、第四図解文中注

また、三角形を簡略に「三角」と称する場合も少なくない。これは和算と同様である。例えば、『暦象新書』上編巻の上、第二図解に、このような叙述がある。

> 今亜朕世の三角あり、世を眼心として、亜朕、田央の二弧を画するに、其度分相同じ。❶

四辺形と多角形のこと、志筑忠雄はそれぞれ、「方形」、「八角」、「十六角」、「三十二角」、「六十四角」と呼び、同時に定義もした。

「暦象新書」中編巻之上、画輪速力無増減第七図解に、多角形の定義がある。

> 方形は四箇の直線にて成り、八角は直線八箇を以て成り、十六角三十二角六十四角と、角数加倍するに随て加倍す、百二十八角二百五十六角と次第に加倍し、❷

三角形及び多辺形の辺について、志筑忠雄は和漢典籍と同じく、「辺」といっている。

> 天学家は、算法を用るを勝れりとす、田芻世と朕芻世との二箇の三角形に在て、田芻、世芻、朕芻の三辺、及び田芻世、世芻朕の二角、皆知るが故に、是に頼れば田世、朕世の二辺、及び芻田世、芻世田、芻世朕、芻朕世の四角皆知るべし、❸

3. 圓形、圓、正圓、輪、輪周、圓輪、平圓、立圓、圓体、度

①志筑忠雄の使用する用語

ユークリッドやアリストテレスにとって、円の定義は、やはりその中

---

❶ 『暦象新書』上編巻の上、第二図解
❷ 『暦象新書』中編巻之上、画輪速力無増減第七図解
❸ 『暦象新書』下編巻之下、附録測量家算楕円、張本第四段、算法

を含むものでなければならないようである[1]。現代幾何学の円の概念は、ユークリッドと同じである。古典漢籍は円と円周をあまり区別しないが、厳密にいうと、円と円周とは、異なる。

志筑忠雄は、円を「圓形」或いは「圓」と呼び、円周を「輪」と言う。また、円周の長さを「輪周」と言う。

『暦象新書』には、円の定義がある。

> 無量の角数を積で正圓となるに至ては、長線も亦無量数なり、是故に曰、圓形は無量数の直線を以て成るもの也、[2]

また、以下のような叙述がある。

> 八圓儀の名は義翻也、其一圓形八分の一なるを以て也。[3]

また、楕円と区分する必要がある場合、「正圓」といい、円体と区分する場合は「平圓」という。

> 屈線は、正圓楕圓に限らず、直線に非ざるものの総名なり[4]
>
> 太陽離地球遠きが故に、人唯其形の平圓の如なるを見て、其実渾球の如なることを察すること能はず、太陰の地に近きすら、其車輪の如くなるを見る、唯其晦朔弦望の変を推して、実は立圓なるを知れり、太陽は盈虚なし、如何して其実形の平立を分別せん、[5]

球体を、「立圓」また、「圓体」という語も使用する。

---

[1] 安大玉、『明末西洋科学東伝史――『天学初函』器編の研究――』、pp100～101
[2] 『暦象新書』中編巻之上、画輪速力無増減第七図解
[3] 『暦象新書』上編巻の上、第二図解、尾注
[4] 『暦象新書』下編巻之下、求心常経、求心力通矩
[5] 『暦象新書』上編巻の上、諸曜廻転

我と万物と同く、有情にして共に地上にあり、地球と星と同く圓体にして、皆点中にあり、[1]

『暦象新書』は、円周を「輪」という。その定義は以下のようなものである。

天は定形なし、定形なきが故に定心なし、常に視者の眼心を以中心とす、視者周視一偏して、残りなき、是を三百六十度とす、眼心を去こと一尺にして一圏をなさんも、亦三百六十度たり、億万里にして一圏をなさんも、亦三百六十度たり、是故に一度は定数なし、仮に設て起測に便するのみなれば、遠体を測んと欲る者、宜く度の多少と、体の巨細とを察することを要るとすべし、央府と務宴とは、央世と宴世との如し、亦府世と務世との如し、長短各相応ぜり、若し今世を輪心とし、世央を以て輻として、一輪を画して、外にあらしめ、亦世務を以て輻として、一輪を画して内にあらしめんに、是二輪の大小、亦猶央府、務宴二線の長短あるが如くなるべし、如何となれば、是二線若くは二弧、長短一ならずといへども、共に世を以て心として、両輻合一するを以て、故に其度分相同きことを得、譬ば小弧務宴小輪周の百分の一なる時、大弧央府も亦大輪周の百分の一に当たるなり。[2]

この引用した文に、「輪周」という単語がある。文意から判断すると、円周の長さを指している。

また、『暦象新書』中編巻上に、遠心力に言及する際、循環運動の軌跡を「圓輪」と称する。よって、「輪」という訳語は、明らかに円周の線を指す。

丸を転じて、其圓輪の頂上に上り至しむるの時、其丸猶能其糸を引く、[3]

---

❶ 『暦象新書』上編巻の上、天体上

❷ 『暦象新書』上編巻の上、第一図解

❸ 『暦象新書』中編巻之上、常静常動

『火器発法伝』に、円を「規」と、円周を「規周」といっている例もある。

海迦若シ不レ割レ規ヲ而僅ニ切二其周ヲ一即発法唯一ニシテ而無シレ有二二様一焉。与レ規隔絶シテ而不レ至二相切スルニ一即無シ一直方之可二以テ一中一レ的ニ也。❶

而欲レ中二于胼ニ一須レ使下二海迦ヲ一切中於規周ニ上。❷

②和漢典籍との異同

中国典籍と明末清初の漢訳西書では、一般に「圜」字を使用する。先秦の『墨子』には、「圜，中同長也。」❸（圜は径が同じものなり。中:直径）という叙述がある。また、『周禮・冬官考工記』には、「輿人爲車，圜者中規，方者中矩」❹（職人は「車」を作る時、圜なる者は規を使う、方なる者は矩を使う。規：コンパス。矩：直線定規。）

『数理精蘊』には、平面図形の円に関して、すべて「圜」字を使用した。立体図形の球に関しては、「圜球」或いは「球」と言う。また、『暦象新書』に円周を「輪」というのとは異なり、『数理精蘊』は円周を「圜界」という。

以下は『数理精蘊』中の円と円周の定義である。

凡そ一線有り、此の線の一端を樞として、また此の線の一端を界いとして、一周旋轉して、即ち一つの圜と成す。如：甲乙一線、甲端を樞として、乙端を界いとして、旋轉し、復乙處に至って、即ち乙丙丁戊の圜と成す。此の圜の線を圜界と謂う、圜界内に積まれた面の度、之圜面を謂う。

---

❶『火器発法伝』、三知銃与的之相去及発勢之数以定直方調火器法、図五文
❷『火器発法伝』、三知銃与的之相去及発勢之数以定直方調火器法、図五文
❸『墨子』「经上篇」
❹『周禮』「冬官考工記」

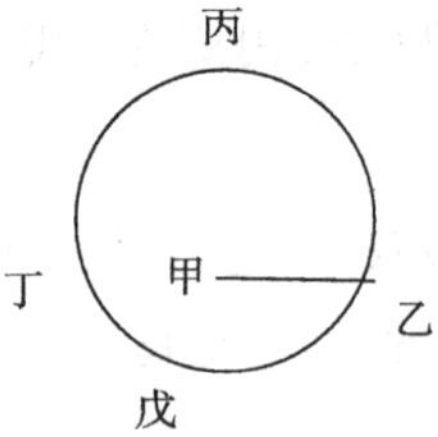

凡有一線、以此線之一端為樞、復以此線之一端為界、旋轉一周即成一圜、如甲乙一線、以甲端為樞、乙端為界、旋轉復至乙處、即成乙丙丁戊之圜、此圜線謂之圜界、圜界内所積之面度、謂之圜面。❶

『数理精蘊』以外の漢訳書のうち、『文淵閣四庫全書』に❷収録された書籍中の『新法算書』、『乾坤體義』、『圜容較義』、『暦算全書』などは、皆「圜」字を使用した。

中国古典と漢訳西書が「圜」字を使用するのに対し、志筑忠雄は、円に関することを論述する際、一様に「圓」字を使用した。これは、和算著作によく使用される「円」字とは同じ字である。「圓」は現在の「円」の旧字で、「円」は「圓」字の簡略字形である。

安島圓直の『不朽算法』は、一律に「圓」の簡略形の「円」を使用した。例えば、『不朽算法』上巻第四問には、このような設問がある。

今有勾股内如図。容方及二円只云方面若干又云自大円心至于小円心斜若干。問勾股各幾何。❸

志筑忠雄と安島圓直とは、「円」字の使用は一致しながらも、楕円と区別する時、志筑忠雄は「正円」という。安島圓直は、「全円」という。安島が楕円を「側円」というのに対し、志筑忠雄は『暦算全書』の用語「楕円」を用いた。この二点から視ると、志筑忠雄は和算用語の体系を踏襲

❶ 『数理精蘊』上編、巻二
❷ 電子検索版
❸ 『不朽算法』、第四

しなかった。

一方、『暦象新書』を翻訳する時、『暦算全書』を参考にした志筑忠雄は、幾何学の基本概念円について、『暦象新書』の「圜」字を使わず、和算系の「円」字を使用したが、このことは江戸後期に円のことを「円」字で表現することが慣例的であると示している。即ち、「円」字の使用は、すでに定着化していた。

明清時代の中国数学書は、全て「圜」字を使用したが、現代中国語では「圜」は使わず、「圓」を使用する。これは、明治以後日本において、学術が体系化され、その体系化した学術用語が中国語へ影響したためであろう。即ち、同じ意味を表す複数の漢字中、最も常用な漢字を選ぶことである。

4. 圓心、輪心、輪の心、半径、輻、全径、圓径

円心のこと、和算と中国数学書はともに、「円心」という語を使用する。例えば、徐光啓編『新法算書』では、円心の定義について、以下のように述べている。

圜之中處為圜心。❶

和算書の『不朽算法』にも、「円心」という。例えば、このような叙述がある。

自大円心至于小円心。❷

基本的に、『暦象新書』に、円心を「圓心」というが、円周の線を論じる時、「輪心」、或いは「輪の心」とも言う。

例えば、運動と重力を論じる時、以下のように述べている。

---

❶ 利瑪竇、『幾何原本』、巻一
徐光啓、『新法算書』、巻八十四

❷ 『不朽算法』、第四

若昇らずして、正横の一直線に従て、行動する物あらば、其速不増不減ならん、然ども其直線なる時は、地球に於て切線たり、切線に従て行時は、必圓心に遠る故、長く正横たることを得ず、長く正横行を失ざるものは、能正圓形を画すもの是なり、然ども重力強きが故に、諸体皆地に落るなり、❶

円心を「輪心」、或いは「輪の心」と称することもある。上の引用文に、「輪心」の定義がある。また、以下のような叙述もしばしば見られる。

若し輪の心の世点にありて見ば、即其実行の定度あることを知るべし、❷

半径について、和漢典籍と志筑忠雄は、全て「半径」といっている。しかし、直径に関しては、『不朽算法』に「径」、『数理精蘊』に「圜径」という。志筑忠雄は、「全径」を用いるが、「圓径」も時折使用する。

『暦象新書』中、「半径」の使用は、以下の例がある。

央国遠心力は、其輪半径即距極弧の央戹に応ず、赤道に在ては、遠心力と遠地心力と一なり、故に赤道遠地心力は曷亜なり、故に又曷央、世曷、曷亜と央曷と相等し、央伊は無量短小の直線なり、伊迦は央曷に並べり、央海は伊迦に正立せり、是亦無量短小の直線なり。❸

しかし、志筑忠雄は、先秦典籍中の半径の意味をもつ「輻」字も使う。それは、『数理精蘊』と同じである。『周禮・冬官考工記』に「輻也者,以爲直指也。又輪輻三十,以象日月」❹という文がある。『数理精蘊』では、「半径」を使用すると同時に、古典中の「輻線」という語も使用する。

❶ 『暦象新書』中編巻之上、重動
❷ 『暦象新書』上編巻の上、第七図解
❸ 『暦象新書』中編巻之上、第二紙第三図解
❹ 『周禮』「冬官考工記」

凡そ、円心より円界に至って、全ての線は輻線と謂う、その長度俱に等しい。全径を半分に分けるより、故にまたこれを半径線と謂う。

凡自圜心至圜界作幾何線皆謂之輻線其度俱相等因平分全徑之半故又謂之半徑線。❶

志筑忠雄の「輻」の使用について、『暦象新書』に、以下の叙述がある。

若し今世を輪心とし、世央を以て輻として、一輪を画して、❷

また、『火器発法伝』に、この叙述がある。

又輻内減去二亜央弧之余弦ヲ一以二正上達限之半ヲ一乗レ之得二本線之高サヲ一合答。❸

直径に関しては、『不朽算法』に、以下のような叙述がある。

術曰、列股倍之、内減大円径、自乗之、加大径巾、得数平方開之。❹

『数理精蘊』中、直径の定義は以下のようである。

凡そ円の一界より、円心を通し、相対の界に至って、一つの直線を画く、円を両当分し、即ち圜径為す。

凡圜自一界過圜心至相對之界，畫一直綫，將圜為兩平分，則為圜徑。❺

『暦象新書』は、「圓径」に比べて、「全径」の使用頻度が高い。例えば、月、地球、木星赤道の直径を論述する時、以下のように叙述した。

---

❶ 『数理精蘊』上編、巻二、「幾何原本一」
❷ 『暦象新書』上編巻の上、第一図解
❸ 『火器発法伝』、十二直方数理解下、線形算法
❹ 『不朽算法』上巻、第三
❺ 『数理精蘊』上編、巻二、「幾何原本一」

又太陰の大さを算するに、其全径大約地球全径の四分一に当れり、然れば月輪の大さは、地輪の大さの十六分一に当れり、❶

他書に木星半径にて二十五又百分の二十九とあり、全径の算にすれば、十二又百分の六十四半なり、❷

また、このような叙述もある。

輪半径又全径之相互比例❸

『暦象新書』に、遠心力の計算法を論述する時、「圓径」という語を使用した。

而して速力は同時行画の微弧に比例し、求心力は其矢に比例す、是故に斛世は、速力亜世冪を圓径亜海又は半径亜伊を以て、除したる者の比例たり、❹

この叙述は即ち、物理公式$F = m\frac{v^2}{r}$である。

5. 弧、半規

『易・繫辭』に「弦木爲弧」❺がある。『数理精蘊』では、arcを古典中の「弧」という語を使う。

凡そ、圜界長短に拘わらず、其の分界の所は即ち弧線と為す。
凡圜界不拘長短、其分界之所即為弧線。❻

志筑忠雄も「弧」を使う。例えば『暦象新書』中編巻之上、「旋輪第二段張本」に、以下の叙述がある。

---

❶『暦象新書』上編巻の上、天体上図解
❷『暦象新書』上編巻の上、天体上図解、木星衛星の最外星条の文中注
❸『暦象新書』下編巻之下、求心常経、求心力通矩
❹『暦象新書』下編巻之上、求心常経張本、第一画円求心比例解
❺『易』「繫辭」
❻『数理精蘊』上編、巻二、「幾何原本一」

六十分度の一なる弧をいふ、❶

『火器発法伝』の「知正上達限又知斜上直方以推焼線之形法」に、以下の叙述がある。

伊亜田之角二段与二亜府弧之度一相等也。故ニ央府即チ其弧之股也。而央亜即チ其矢也。❷

また、『火器発法伝』は、180度の弧を「半規」ともいう。

半規能容レハ二諸鈎股弦ヲ一❸

6. 鈎、股、弦

直角三角形の直角隣辺を『周髀算経』に「鈎」、「股」という。和算書にも、同じく、その概念を採用する。例えば、『不朽算法』「第三」に、以下の設問がある。

今有勾股内如図、交容大中二円与三小円只云股若干大円径若干。❹

本来、西洋数学中、「鈎」と「股」は同じ語として扱われている。ラテン語では、「鈎」も「股」も「cathetus」である。

しかし、志筑忠雄は、「鈎、股、弦」の概念を使用した。『暦象新書』下編巻之上、楕円について論述する際、以下の叙述がある。

是に於て先弦冪は、股冪、鈎冪の和に等しき、❺

❶ 『暦象新書』中編巻之上、旋輪第二段張本、第四図解文中注
❷ 『火器発法伝』、二知正上達限又知斜上直方以推焼線之形法、図二文
❸ 『火器発法伝』、二知正上達限又知斜上直方以推焼線之形法、図三文
❹ 『不朽算法』、第三
❺ 『暦象新書』下編巻之上、求心常経張本、第四楕円図出臍底分比例解、第六段出臍二線定数

7. 平行、直線、切線

明末まで、中国の典籍には、「平行」という数学用語はない。マテオ・リッチが『幾何原本』を翻訳する際、初めて「平行」という語を作った。❶その後の『数理精蘊』、『暦算全書』などは、その概念を用いた。

志筑忠雄は『暦象新書』に、「平行」という語を使った。例えば、「暦象新書」下編巻之上、「求心常経張本」に、以下の叙述がある。

> 亜刕線は、亜刕弧の正中なる伊点の切線と並行し、玖刕線は玖刕弧の正中なる田点の切線と平行せり、❷

また、『火器発法伝』「五升降数理解」に、以下の叙述がある。

> 仮令有㆓一丸㆒一㆓動於空中ニ㆒非㆓重力以引ニ㆒㆑之ヲ非㆓風気以遮ニ㆒㆑之ヲ。即其丸平行㆓于一直線ニ㆒雖㆑歴ト㆓億万載之久ヲ㆒而終㆓無シ㆑変スルコト焉。❸

上の引用文中の「直線」、「切線」も漢訳西書の『数理精蘊』、『暦算全書』と同様である。

8. 平面、度、秒、忽

角度、弧度の単位について、志筑忠雄は、和漢典籍と同様に「度、秒、忽」を使用する。

> 測器を転じて胼を器の平面にあらしめ、器照星を以て、見透さんことを求むべし、胼既に器面に見るに及で、田央と亜胼と同度なる

❶ 利瑪竇、『幾何原本』、巻一之首：「兩直線於同面行至無窮不相離亦不相遠而不得相遇為平行線。」

❷ 『暦象新書』下編巻之上、求心常経張本、第三正対両点内外等角解、第二段内外等角

❸ 『火器発法伝』、五升降数理解

ことを得、是故に田央の度数を知ば、即両体相距る度数を知なり、測器に度分を刻たるが故に、田央の度分知ぬべし、❶

火星太陽に衝くに当りて、地球に近さこと極まる、其体最大にして三十秒に過ざる時は、其真体此より計り知ぬべし、三十秒を二百分すれば九忽となる、此ぞ天狼星の真体なる。❷

9. 楕圓、側円、側圓の中心、長径、短径、長半径、短半径

和算家は、楕円を「側円」という。それは、関孝和から継承されたものである。長径、短径、長半径、短半径については、現代と同じ用語を使う。『不朽算法』上巻、設問第八、第十一は、楕円に関する問題である。

今有勾股内如図。容全円与側円只云勾二百八十寸股三百五十一寸短径五十六寸八分七厘五毛問長径幾何。❸

今有如図、直内容側円及小円、只云直長若干直平若干側円短径若干問小円径幾何。❹

『数理精蘊』は、楕円を「楕圓」、長径、短径を「大径」、「小径」という。「大径」、「小径」という用語は、『暦算全書』と異なる。

凡圓面徑與楕圓面一名鴨蛋形高度等者、其面積互相為比之比例、即同於函兩形各作切方形互相為比之比例。而圓形面積與楕圓形面積互相為比之比例又同於圓形徑與揣圓形小徑互相為比之比例也。如子壬寅癸之圓面子丑寅卯之楕圓面其子寅高度倶同圓徑即楕圓大徑。❺

---

❶ 『暦象新書』上編巻の上、第三図解
❷ 『暦象新書』上編巻の上、天体下図解二
❸ 『不朽算法』、第六
❹ 『不朽算法』、第十一
❺ 『数理精蘊』上編、巻三、第十二

志筑忠雄は『暦象新書』に、初めて椿円に言及する際、和算の用語「側円」を使うと同時に、文中注の形式で、「側圓、暦算全書には椿圓といへり」と説明した。『暦象新書』では、この一箇所以外、全て「椿円」という語を用いる。長径、短径に関しては、『暦象新書』、『不朽算法』、『暦算全書』は同じく、「長径」、「短径」という。

『暦象新書』に、以下の叙述がある。

六星の行道、皆正圓ならずして、側圓の形なり、太陽其正中にあらずして、臍にあり、側圓は圓にして、長さものを斜に截たる端の形なり、其事及臍のこと、左の図にて知るべし、側圓、暦算全書には椿圓といへり、田世は短径なり、亜胼は長径なり、㔟は中心也、又世央、田央、世府、田府の四線を画す、その長各長半径に等し、此時央府の二点を臍とす、太陽其一にあり、

太陽府にあれば、亜を最高の点とし、胼を最卑の点とす、央にあれば胼最高の点とし、亜を最卑の点とす、㔟府又は㔟央を出心線といふ、央世の如きを中離といふ、❶

諸曜椿圓を画す、其遅速一ならず、最高にあるときは極て遅く、最卑にある時は極て速なり❷

志筑忠雄が参考にした『暦算全書』に、この叙述がある。

另求撱形全積、置短徑七百自乗得四十九萬以長徑一千四百乗之得六億八千六百萬以十一因之二十一除之得三億五千九百三十三萬三三三為真撱圓全積。❸

---

❶ 『暦象新書』上編巻之下、六曜行道
❷ 『暦象新書』上編巻之下、諸曜運行
❸ 『暦算全書』、巻五十六、撱圓算法

ここに、注意を払うべき問題がある。漢訳西書は、円を「圜」字で、表示する。楕円の場合、日本と同じく「圓」字を用い、他に球体の場合にも「圓」字を使う。

10. 加、減、乗、除、和、差、商、積、平方、開平方、冪、巾、冪根、比例、比率、約

加、減、乗、除、和、差、商、積について、志筑忠雄は旧来の言い方をそのまま使用する。

以下に例を挙げる。

其体行て一箇の楕円を画して、其求心力両臍の一に向ふ者は、其力常に離心冪の互相比例たり、其故は半径亜良為の比例、是故に求心力の比例等于舅亜、舅辟再乗冪因舅亜の比例、等于なり除せるの商を以て又除するが故に、実と法と相代はる、又等于二段正方因舅亜冪なり、舅辟再乗冪は、実と法と相消し、舅亜は実を以て法の再乗冪を約して、省するがゆへなり、然して二段正方は一定の比率なるが故に、是を省けば求心力は即ち為一、舅亜冪の比例、❶

『不朽算法』に、ルートを「商」という例がある。これは志築忠雄とは異なる。

術曰列斜巾内減方面巾、余倍之、之内減方面巾、余平方開之得商。❷

ここでいう商は、ルートの意味である。『暦象新書』に、ルートを「冪根」と、『火器発法伝』に、「方根」という。

---

❶ 『暦象新書』下編巻之下、求心常経、正例心楕臍

❷ 『不朽算法』、第四

故に落線は速力冪、又は時刻冪に応るもの也、落線は応速力冪、又応時刻冪、時刻応落線冪根、速力又応落線冪根、❶

与二亜田冪一相併ス其方根ノ亜央以テ除シテ二田央ヲ一得二直方央亜田角之正弦ヲ一合レ答。❷

11. 互相比例、互数

上引用文中の「互相比例」は逆数を指している。「互相比例」は、『数理精蘊』と『暦象考成』から継承した用語である。最初に、「互相比例」という語を作り出したのは、明末の『奇器図説』である。

有兩係重是準等者其大重與小重之比例就為等。梁長節與短節之比例又為互相比例。❸

「互相比例」のほか、『暦象新書』には、引力について論述する際、「互数」を使用する。

若又天上に昇て、地心を去こと地球の全径に等き所に至らば、其重力地面極強の力に比するに、四分の一なるべし、地球の全径一個有半に等き所に至ては、極強の力に比するに、九分の一なるべし、其数理は、地面地心相去あるは、地の半径に等し、是を一箇とし、其重力極強なるを全数とす、全径に等き所の地の半径にて算るに二箇なり、其重力を全数に比るに、二々が四分の一たり、一箇有半の所は、半径にて算すれば、三箇なり、其重力を全数に比するに、三々が九分の一たり、是より以上皆準知すべし、相近き時は相引の力強

❶ 『暦象新書』中編巻之上、落体第六図解

❷ 『火器発法伝』、十二直方数理解下、直方算術

❸ 明、王徵，鄧玉函（Jean・Terrenz）、『奇器圖說』巻二、第十九欵

く、相遠き時は知引の力弱し。

是重力強弱応于遠近冪之互数と云、明人の訳せしものに、此互数に応ずろことを互相比例たりとあり、❶

この文が述べている内容は、即ち物理公式$F = G\frac{m_1 m_2}{r^2}$である。
ここの「明人」とは、恐らく『奇器圖說』の中国人共著者の王徵であろう。

12. 象限

『曆象新書』に「象限」の概念がある。『砲術明鑑原始編』も「象限」という用語がある。

正角とは、一象限九十度の角をいへり。❷
此図内郭ノ九十度ハ象限分度也。❸
西洋漢士銃器之仰俯ヲ準測スルハ必四象限儀ヲ用ユ。❹

南宋典籍『数学九章』は、すでに北宋易学から「象限」の概念を導入していた。

置象限度九十一度三十一分四十四杪加一十一度二十五分二十七杪五十小分。❺

この度数は、明末の訳書及び現代の数値と多少異なるが、それは中国の古典において、円の一周を365度に分けるためである。

---

❶ 『暦象新書』中編巻之上、重力
❷ 『暦象新書』中編巻之上、旋輪第二段張本、第四図解文中注
❸ 『砲術明鑑原始編』、巻之下、大尾、弁異、仰準直方之異、四象限度仰準両方合一儀略図
❹ 『砲術明鑑原始編』、巻之下、大尾、弁異、仰準直方之異、四象限分度與矢位分度相当之表
❺ 『数学九章』巻二下、「天時揆日究微」

第二節: 志筑忠雄の創出

志筑忠雄は、漢訳西書中の用語を使用する一方、独自の造語の使用も少なくない。特に、円錐曲線に関連する用語は、基本的に志築忠雄自身の造語である。

漢訳西書も和漢算書も、主に曲線・曲面図形の長度・面積・体積の計算法に注目していた。漢訳西書も和算も殆ど円錐曲線に対する系統的研究を行わなかった。よって、関連用語も少ない。

志筑忠雄は『暦象新書』に楕円の体系理論を、『火器発法伝』に放物線の体系理論を著した。初めて中国に円錐曲線理論を紹介した書籍は、李善蘭と英国人宣教師艾約瑟（本名 Joseph・Edkins、字迪瑾、1823—1905）の共訳した『円錐曲線説』(清・咸豊六年、西紀 1856 年）である[1]。それは、志筑忠雄の業績に半世紀ほど遅れている。そのため、数学の他の分野に比べ、円錐曲線に関する用語について、現在の日本語と中国語とは異なる語彙が少なくない。

以下に、志筑忠雄の考え出した数学用語について、考察する。

1. 点、線、角、面、体の表記法

漢訳西書では、一般に点を「甲、乙、丙、丁、戊、己、庚、辛、壬、癸」で、表記する。これにより、線、角、面、体も、すべて「甲、乙、丙、丁、戊、己、庚、辛、壬、癸」で、表記する。和算も同様である。例えば、『不朽算法』に、この設問がある。

今有如図大球内、下数乙丙丁三球、上載甲球充内無動、欲使各球

[1] 銭宝琮、『中国数学史』、（科学出版社、1981）を参照

径無奇零、問求各球径術。❶

志筑忠雄は従来の「甲、乙、丙、丁、戊、己、庚、辛、壬、癸」を捨て、ラテン語のアルファベットを漢字音訳して、点、線、面を表記する。

この『暦象新書』からの引用文は、その一例である。

動体先づ亜より、併に移るは、其視行は、亜淤併若くは海淤留の角をなる、夫より又亜併の度分に等しき併田弧を亜併の行と等しき時刻を以て画すれば、其視行は併淤田の角内にありて、留務の弧を画す、留務弧は即ち留淤務の角の弧にして、其度分初の海留の大に如かず、❷

『火器発法伝』に、アルファベットの音訳表がある。

亜（ア）、併（ベ）、世（セ）、田（デ）、央（エ）、府（フ）、厄（ゲ）、海（ハ）、伊（イ）、迦（カ）、留（ル）、務（ム）、宴（エン）、淤（ヲ）❸

それぞれ、以下のアルファベットに対応する。

A, B, C, D, E, F, G, H, I, K, L, M, N, O

しかし、点線面以外、体を表記する際、志筑忠雄も「甲乙丙丁」を使用する。

例えば、ニュートンの運動法則を論述する時、以下の叙述がある。

今、甲乙二体あり、甲体の重きこと、乙体に一倍すべし❹

---

❶ 『不朽算法』、上巻、第二十四

❷ 『暦象新書』上編巻の上、第七図解

❸ 『火器発法伝』、一測正上達限法、図之一

❹ 『暦象新書』中編巻之上、常静常動

2. 屈線

志筑忠雄の訳語「屈線」は、漢訳西書中の「曲線」である。

『数理精蘊』には、「線有直曲二種❶」の叙述がある。

『暦象新書』に、以下の叙述がある。

> 然れども舶人の眼には、其丸初弾の速にて艫の方に行き、亦且其重りにて、屈線を画して下るを見ること、❷
>
> 若一石を取、正横に投ずる時は、其石必屈曲の線路を画して落着す、其横行するものは、常動の力にして其速常一也、下行するは重力にして、其速頻加す、横行と下行と、本力加力合成し、変線変速して、屈線を画するもの也、❸

『火器発法伝』に、以下の叙述がある。

> 亜迦ハ平地面也。亜ハ銃口也。丸発ス二於亜ニ一其直方ヲ為二亜世一也。丸既ニ画二亜務迦ヲ一而落着二于迦ニ一。此ノ亜務迦即其斜上発所レ画之屈線。

『康熙字典』の「屈」字の釈意は「『説文』無也。从出聲。又曲也，請也。又『增韻』鬱也，軋也。『正字通』凡曲而不伸者，皆曰屈」❹である。

よって、「屈」字と「曲」字とは、同じ意味である。しかし、志筑忠雄は漢訳西書中の既有の訳語「曲線」を使わず、独自に「屈線」という語を作りだした。このことは、以下の事情が原因となった可能性がある。

---

❶ 『数理精蘊』上編、巻二

❷ 『暦象新書』上編巻の上、視動下

❸ 『暦象新書』中編巻之上、落体第六図解

❹ 『康熙字典』【寅集上】【尸字部】屈

①形容詞としての「曲」字は貶す義をもつ。

儒学経典：

『詩』「秦風」に「亂我心曲[1]」という詩文がある。ここの「曲」は「乱れる」の意味である。

『書』「洪範」に、「木有曲直[2]」とある。直なる木は、即ち木材に成れるが、曲なる木は、木材に成れない。

『禮』「曲禮・釋文」に、「曲禮、委曲說禮之事」とある。

二十四史：

『史記』「儒林列伝」に、「固曰、公孫子務正学以言、無曲学以阿世[3]」とある。ここでいう「曲」は「邪」の意である。

『明史』「陆粲伝」に、「南京礼部尚書黄綰、曲学阿世、虚談眩人[4]」とある。『明史』の成立年代は、志筑忠雄と同じであり、志筑忠雄は『明史』を読んだことがないはずである。これはさて置き、「曲学阿世」は、現在も、日中両国ともに使う成語であり、極めて貶す義をもつ。

②名詞としての「曲」字も、卑劣低下の意味であり、または誤解を招く場合がある。

『史記』『漢書』などの漢籍、『日本書紀』などの和籍では、「部曲」は地位の低い芸人・職人などを指している。

また、日本語には「盗賊など怪しい者」という意味をもつ「曲者」という言葉がある。『平家物語』巻七に、「光盛こそ奇異の曲者組んで討って候へ」[5]とある。

また、誤解を招く場合がある。

江戸時代の儒学者によく読まれる『荀子』「勧学」に「木直中縄、輮以

---

❶『詩経』「秦風」
❷『尚書』「洪範」
❸『史記』「儒林列伝」
❹『明史』「陆粲伝」
❺『平家物語』巻七

為輪、其曲中規。」[1]とある。「規」は「円」である。「中規」ならば、即ち「円」となる。

また、江戸時代に、一種の三角定規である「曲尺」はよく使われる。それも、「折る」の意味と、誤解される可能性がある。

上述の如く、「曲」字が邪悪の意味をもつため、志筑忠雄は「曲線」の使用を避け、独自に「屈線」を作り出した可能性が非常に高いと私は考える。

3. 焼線、焼截線

和漢算書には、円錐曲線の一種の放物線に関する理論がないため、用語もない。志筑忠雄はこれを「焼線」或いは「焼截線」と命名した。

以下は、『火器発法伝』における「焼截線」の例である。

> 正上発ハ者画ス二直線ヲ一。斜下発者ハ画ス二焼截線之分ヲ一。地平発者ハ画ス二焼截線之半ヲ一。斜上発者ハ画ス二焼截線之全ヲ一。[2]
>
> 右屈線亜央厄伊ナル者ハ平行与二重力一相交之所ニシテレ生而所謂焼截線之半ナル者是也。[3]

以下は「焼線」の例である。

> 訣曰斜二升降スル於焼線頂ニ一者。正升降スル二於焼線頂ニ一者。時刻相等矣。[4]

また、『火器発法伝』を参考にした『砲術明鑑原始編』にも、「焼線」を使っ

[1] 『荀子』「勧学」

[2] 『火器発法伝』、序文

[3] 『火器発法伝』、六焼線数理解

[4] 『火器発法伝』、八時刻算法

ている。

焼線歩数壱万〇五百二十三尺即丸道也❶

此モ的高地ニ在ルナリ本説ニ因テ二直方ノ焼線ヲ画シテ其交点即チ胼点ナルコトヲ示ス❷

4. 焼線頂、達限

『火器発法伝』に、放物線の頂点を「焼線頂」、或いは「達限」という。

如二達限線形直方等之算術一。別ニ為メ二初学一著二一小冊子ヲ一。弧矢弦ノ術亦有二別記在一焉。❸

『砲術明鑑原始編』も同様である。

正上発ハ正上達限頂ヲ以テ其焼線頂トスルコト斜上ノ焼線頂ト異ナルコト無シ故ニ亦之ヲ焼線頂ト総称ス。❹

5. 臍、出心線、中離

志筑忠雄は、楕円の焦点、焦点距離、焦点と頂点距離をそれぞれ、臍、出心線、中離と命名した。

田世は短径なり、亜胼は長径なり、罬は中心也、又世央、田央、世府、田府の四線を画す、その長各長半径に等し、此時央府の二点を臍とす、太陽其一にあり、

❶ 『砲術明鑑原始編』、巻之下、大尾、弁異、発勢速力之異
❷ 『砲術明鑑原始編』、巻之下、火器発法伝大意抄、図之四乙新図注文
❸ 『火器発法伝』、序文、凡例
❹ 『砲術明鑑原始編』、巻之下、火器発法伝大意抄、十速力算法、焼線各点速力図解注文

太陽府にあれば、亜を最高の点とし、胼を最卑の点とす、央にあれば胼最高の点とし、亜を最卑の点とす、芻府又は芻央を出心線といふ、央世の如きを中離といふ、❶（即ちケプラーの第1法則：楕円軌道の法則）

良は楕圓の心より、良世は伊厄に正立す、又世田、世芻の二線を設て、各各半長径に等し、是に於て芻点、田点を両臍とし、良田又は良芻を出心線とす、半径を弦とし、半短径を股とすれば、出心線は即ち其鈎なり、❷

胼亜の如きを中離と云、即半長径に等し、❸

6. 正立、正三角形

『暦象新書』に、垂直を「正立」、垂線を「正立線」、直角を「正角」、また直角三角形を「正三角形」という。

正角とは、一象限九十度の角をいへり❹

何の三角形も、三角の度数を積ば、二箇の正角となる、二正は二九の百八十度なり、即ち半圓の度なり、❺

良は楕圓の心より、良世は伊厄に正立す、❻

仮令一臍は厄にあらんも、世にあらんも、引糸の力は同く央胼に従ふが故に、正立線央亜も一也❼

央胼海の正三角形に在て、既に胼央と央角と知れば、胼海を求て、

---

❶『暦象新書』上編巻之下、六曜行道

❷『暦象新書』下編巻之上、求心常経張本、第四楕円図出臍底分比例解、第三段出心線

❸『暦象新書』下編巻之上、求心常経張本、第四楕円図出臍底分比例解、第五段離心中離比例

❹『暦象新書』中編巻之上、旋輪第二段張本、第四図解文中注

❺『暦象新書』下編巻之上、求心常経張本、第三正対両点内外等角解、第一段三角二正

❻『暦象新書』下編巻之上、求心常経張本、第四楕円図出臍底分比例解、第三段出心線

❼『暦象新書』下編巻之上、求心常経張本、第四楕円図出臍底分比例解、第八段楕円周正立線所在

> 胼舅、胼海の比率を得、是即舅屮、亜阿の比率たり、舅阿、阿厄の比率たり❶

第三節：三角対数および割圓八線

三角算と対数について、『暦象新書』は言及しているが、その理論と計算法を省略した。

三角算と対数について、『暦象新書』は以下のように述べた。

> 三角算は、暦算全書にも詳なれども、予が伝る所は、奇児の三角算、尼通の直求正弦法、捻辟爾の五件、伝屋爾夫の三角対数表等あり、因て其事は此に略しぬ、❷

三角算は即ち「割円八線」に関する計算法及びその表である。『暦算全書』が、18 世紀末に日本に輸入された。『暦算全書』の三角法挙要は、文化 13 年（1816）に篠原善富が訓点を付けた。❸三角算分野の用語は、現在も、『暦算全書』とほぼ完全に同じである。

『暦象新書』に、「切線」、「正切」、「正弦」などの用語は、『暦算全書』から継承したと説明する。

> 切線、正弦等の名、及び諸数比例の文法の如きは、多は暦算全書に取れり、全書の文と西国算書の文と能相称うが故なり、❹

---

❶『暦象新書』下編巻之下、附録測量家算楕円、張本第四段、算法

❷『暦象新書』下編巻之下、附録測量家算楕円、張本第四段、算法

❸『明治前日本数学史』、第四巻、第 14 節、p157

❹『暦象新書』中編、凡例

『火器発法伝』にも、「正弦」、「余弦」などを使用する。また、割圓八線図もある。

以二斜上発ノ角世亜迦之余弦ヲ一除シテ二亜田ヲ一得二亜世以二亜世ヲ一迦之正弦ヲ一除シテ二亜世冪ヲ一合レ答。❶

又輻内減去二亜央弧之余弦ヲ一以二正上達限之半ヲ一乗レ之得二本線之高サヲ一合答。❷

第二章ですでに八線対数について論じた。いわゆる八線対数は、現在の三角函数対数である。志筑忠雄の言う三角対数も、八線対数を指す。だらか、ここは「対数」という語があったけれども、これは普通の対数ではなく、三角函数対数である。

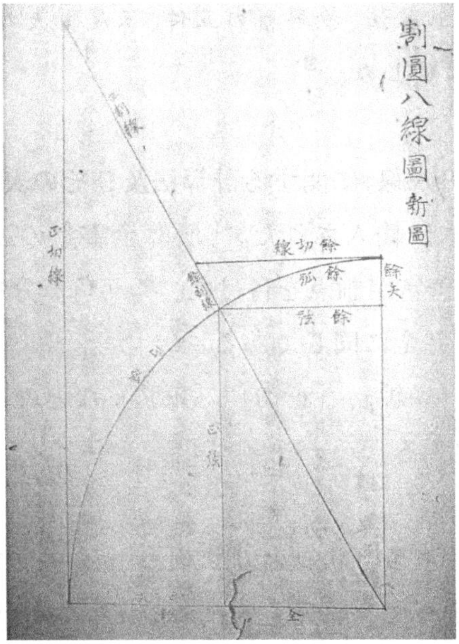

（『砲術明鑑原始編』中引用した『火器発法伝』、十二直方数理解下、直方算術の図）

❶ 『火器発法伝』、十二直方数理解下、正上達限算法
❷ 『火器発法伝』、十二直方数理解下、線形算法

第四節：志筑忠雄の数学訳語対照表

前節までに検討した志筑忠雄の訳書中の数学用語を以下のように表にまとめた。

志筑忠雄の数学訳語対照表

『暦象新書』『火器発法伝』	『不朽算法』	漢訳西書	現代日本語	現代中国語
度	度	度	度	度
点	点	点	点	点
線	線	線	線	線
面	面	面	面	面
体	体	体	体	体
角	角	角	角	角
圓、平圓	円	圜	円	円
圓徑、全径	徑	圜徑・直径	直径	直径
半徑、幅	半徑	半徑、幅	半径	半徑
圓体、立圓	圓体	圓体、球体	球体	球体
屈線		曲線	曲線	曲線
輪、輪周	圜界	圜周	円周	圓周
圓心	円心	圜心	円心	圓心
弧	弧	弧線、弧	弧	弧
半圓、半規	半圓	半圓	半円	半圓
正立線		垂線	垂線	垂線
正角	直角	直角	直角	直角
平行	平行	平行	平行	平行
正三角形	勾股	直角三角形	直角三角形	直角三角形
切線	切線	切線	接線	切線、接線

续表

『暦象新書』『火器発法伝』	『不朽算法』	漢訳西書	現代日本語	現代中国語
弦	弦	弦線，弦	弦	弦
割線		割線	割線	割線
矢線		矢線	矢線	矢線
比例		比例、比	比例	比例、比
方根、見商	見商	方根	平方根、ルート	方根、平方根
平方	平方	平方	平方	平方
約分		約分	約分	約分
方形		四辺形	四辺形	四辺形
平面		平面	平面	平面
椭圓、	側円	椭圓	楕円	椭圓
長径、		長径、大径	長径	長径
短径		小径	短径	短径
長半径、		長半径	長半径	長半径
短半径		短半径	短半径	短半径
冪、巾	巾	冪	冪、巾	冪
互相比例、互数		互相比例、	互数	互為倒数
象限	象限	象限	象限	象限
焼線、焼截線			放物線	抛物線
焼線頂、達限			頂点	頂点
臍、			焦点	焦点
出心線、			焦点距離	焦距
中離			焦点頂点距離	焦点頂点距離
三角対数		八線対数 三角対数	三角関数対数	三角函数対数
	配数	仮数	対数	対数、仮数
	真仮数表	対数表	対数表	対数表
八線対数表		八線対数表	三角函数対数表	三角函数対数表

小 括

江戸後期の洋学者のうち、志筑忠雄は天文数学において大成した学者である。志筑忠雄の訳書中の用語は、和算用語もあり、漢訳書の用語もあり、また自分で創り出した用語もある。本章は、志筑忠雄の訳書中の用語を漢訳書の用語および和算用語と比較し、志筑忠雄の訳語の特徴を考察した。志筑忠雄の訳し数学用語と漢訳書『数理精蘊』および和算書『不朽算法』の用語と異同を上表のようにまとめた。

第二部

写本研究

第六章

文化年間延岡藩内藤家本『数理精蘊解』写本研究

筆者の調査によると、延岡藩内藤家の蔵書『数理精蘊解』(文化 13 年)は日本最古の『数理精蘊』の和訳本である。現在は早稲田大学図書館に所蔵されている。

本章は、筆者の書誌調査に基づいて『数理精蘊解』の翻訳の特徴を研究する。『数理精蘊解』は、『数理精蘊』の完訳ではなく、訳者が自分の選択で、『数理精蘊』の有意義な部分のみ日本語に翻訳したものである。『数理精蘊解』の訳した部分には、幾何、方程、三角関数、日晷などの内容があるが、特に対数および計算尺に関する内容は、他の漢訳書にないものであるため、本論文は、『数理精蘊解』中の対数と計算尺について、現代数学の方法を用いて、その数学原理を説明する。対数の部分は、すでに第一章「和算家の対数受容」で論述した。本章では、計算尺の数学原理を論述する。

第一節：書誌調査

1. 基本情報

書名：『数理精蘊解』

所蔵館：早稲田大学図書館

請求記号：ニ 02 03512

成立年：文化十三年（1815）

書籍形態：写本、和装、25 × 30cm

冊数：11 冊

内容：『数理精蘊』の和訳

2. 各冊の基本情報

第一冊：

タイトル：数理精蘊上編解

丁数：24 丁（表紙含む）

構成：数理精蘊上編巻一解

数理本原　河図　洛書　周髀解

数理精蘊上編巻二解

幾何原本一

幾何原本二

幾何原本三

幾何原本四

幾何原本五

数理精蘊上編巻三解

幾何原本六

幾何原本七

幾何原本八

幾何原本九

幾何原本十

数理精蘊上編巻四解

幾何原本十一

幾何原本十二

第二冊：

タイトル：数理精蘊上編巻五解

丁数：7 丁（表紙含む）

書写年：文化十三丙子年春三月

構成：算法原本一

算法原本二

第三冊：

タイトル：数理精蘊十一、十二、十三、十四解

丁数：18 丁（表紙含む）

構成：数理精蘊下編十一解

面部一

数理精蘊下編十二解

面部二　勾股

数理精蘊下編十三解

面部三　勾股

数理精蘊下編十四解

面部四　三角形

第四冊：

タイトル：数理精蘊下編十七、十八解

丁数：17 丁（表紙含む）

書写年：文化十三丙子年三月廿四日

構成：数理精蘊下編十七解

面部七　三角形辺線角度相求

数理精蘊下編十八解

面部八　測量

第五冊：

タイトル：数理精蘊下編巻十九、廿、廿一、廿二解

丁数：11 丁

書写年：文化十三丙子夏四月

構成：数理精蘊下編巻十九解

面部九　角面形総論　直線形

数理精蘊下編二十解

面部十　曲線形

数理精蘊下編二十一解

面部十一　円内容各等辺形　円外切各等辺形

数理精蘊下編二十二解

面部十二　各等辺形　更面形

第六冊：

タイトル：数理精蘊下編巻自二十三至三十解

丁数：37 丁

書写年：文化十三丙子夏四月

構成：数理精蘊下編二十三解

体部一　立方

体部二　帯縦較数立方　帯縦和数立方

数理精蘊下編二十五解

体部三　各体形総論　直線体

数理精蘊下編二十六解

体部四　曲線体

数理精蘊下編二十七解

体部五　各等面体

数理精蘊下編二十八解

体部六　球内容各等面体　球外切各等面体

数理精蘊下編二十九解

体部七　各等面体互容　更体形

数理精蘊下編三十解

体部八　各体権度比例　堆垜

第七冊：

タイトル：数理精蘊下編解　対数三十八

丁数：23 丁

書写年：文化十三丙子年五月

巻尾題名：附録或対数之解

構成：数理精蘊下編三十八解

末部　対数比例

第八冊：

タイトル：数理精蘊下編巻三十九解

丁数：16 丁

構成：数理精蘊下編巻三十九解

末部九　比例規解　平分線　更面線　分体線　更体線　五金線

第九冊：

タイトル：数理精蘊下編巻四十解

丁数：7 丁

構成：数理精蘊下編巻四十解

末部十　比例規解　分円線　正弦線　正切線　仮数尺　正

弦仮数尺　切線仮数尺　正割線　割線仮数尺　画日晷法

第十冊：

タイトル：地平日晷節気線法

丁数：8丁

構成：地平日晷節気線法

順天府日晷法

東壁立面日晷節気線法

西壁立面日晷節気線法

第十一冊：

タイトル：日晷算

丁数：18丁

構成：数理精蘊地平日晷算

第二節：内容特徴

『数理精蘊』の例題は、ほとんど省略された。冗長な説明も省略された。

『数理精蘊解』の「幾何原本一解」を例として見よう。以下は、『数理精蘊解』の原文。

幾何原本一

第一

凡数ノ度ヲ論スル。必一点ニハシマル。点ヨリ是レヲ引トキハ線トナル。線コレヲ広シテヲ面トス。面ヨリ積レ之体トス立形（體ハ今云）ナリ是ヲ三大綱ト云。

凡長アリテ闊ナキモノヲ線ト云。長闊アリテ厚ナキモノハ面ト云。長闊厚三アルモノヲ体ト云、惟、ハ三ツノモノナシ。其間不容分数ヲ以テ不可度。然レトモ線ノ両ハシハ点ナリ。依テ衆数ノ本也。

第二

線之解也如是ヲ直線角ト云不等線曲線角ト云。

第三

凡角ハ二線合ヲ生スルナリ其角度大小アルモノ線ノ長短ニヨラスシテ角ノ寛狭ニ生スルナリ。

第四

凡角ヲ云モノ、三字ヲ用ユ。如図甲乙丙角ト云トキハ乙角ヲサスナリ。又乙甲丙角ト云トキハ丙角ヲサスナリ。又畧シテ甲角、丙角トモ云。

第五

凡一線アリ、甲ヲ樞トシテ、一方ノハシヲ廻ストキハ圓ヲナス。コノ円ノ線ヲ円界ト云。此内ノ積ヲ円面ト云。

第六

凡円界ニ円心ヨリ線ヲモウケルトキハ其分ツ所ノ界弧線ト云。

第七

其線乙ヨリ丁ニ至リ、丙ヨリ戊ニ至ヲ皆円経トス。

第八

円心ヨリ円界ニ至テ、幾筋巠ヲ引テモ皆輻線ト云。其左右ノ度必相等シ、ミナ半周ナリ。又コレヲ半圣線ト云。両円界ニ至モノハ全圣線ナリ。

第九

前図円界對スル所ノ角ヲ以テ、弧ト名ク。角對スル所ノ弧ヲ以テ、度ヲ命ス。心ヨリヲコレ所ノ角度、弧線共ニ円界ニアリテ、相等シ、是ヲ心角ト云。界ヨリ起ル角ヲ界角ト云。

第十

凡角、円周四分ノ一ニアタルモノハ、此角ヲ直角トス。今云矩合也。今円中二十字ヲ設テ、四角ヲナストキハ皆直角タリ、其竪（タテ）ノ筋ヲ垂線ト云。

第十一第十二

円中二十字ヲ設ルトキハ相對スルノ角、ミナ直角タリ。若垂線倚テ設ルトキハ、如図丁丙弧、甲戊弧。其度等ク九十度ニ及ズ、鋭角トス。丁乙甲弧、丙甲戊弧相等シテ、其度九十度ヲスク、故ニ鈍角トス。其垂線弥傾トキハ、鋭ハイヨイヨ鋭ニシテ、鈍ハ弥鈍ナリトイヘトモ、其相對シテ、両尖合モノハ常ニ其度等キナリ。

第十三第十四

丙角線上半周トス、其度百八十度アリトス。故ニ甲乙丙角ノ度、甲乙丁角ノ度相合テハ、九十度ノ角ニツナリ。又乙ヨリ矩ニ己垂線ヲ引トキハ丙己ト甲己トニ直角トス。又辛ヨリ乙ニ至テ線ヲ引トキハ、丙乙辛鋭角、辛乙甲鈍角ヲナス。此二角合テハ二直角ト等シ。

第十五

凡円中ニ幾線ヲツクリテモ、心ヨリ出ルトキハ、其角度合テ、四直角ト等シ。

第十六第十一二述ルト同シ

第十七

凡大小ノ円周、皆三百六十度トス。一度定メテ、六十分。一分定メテ、六十秒。一秒定メテ、六十微。一微定メテ、六十纖。今如是スルモノハ、奇零ナキノ数ヲ取テ、算弁トス。度ノ下六十ヲ以テ、数ヲ起スモノハ、六十度ノ整数ヲ得ル為ナリ。

第十八第十九第二十

如図二線相離ルコトノ分、等シキモノ、平行線ト云。竪横共同理ナリ。此線引テ極ナキニ至レ、共終ニ其ハシ合コトナシ。

第二十一第二十二

右平行線ノ上ヘ一ツ斜線ヲ設ルトキハ、平行線上ナルトコロノ角庚戊乙、丙乙辛、庚戊己、戊己丁、此四角ミナ同度トス。乙戊庚ト甲戊己對角トス。甲戊己ト戊己丁トヲ並角トス。並角ト對角ハ二角常ニ其度等トス。故ニ甲戊庚、乙戊己對角トス。丁己辛、乙戊己對角トス。丁己辛、戊己丙又對角トス。此四角度等シ、合テ八角ナリ。又謂平行二線ノ外ニアルモノヲ外角トス、内ニアルモノヲ内角トスルナリ。第十三ニ謂コトク、並角相合テハ其度半周ナリ。

第二十四

平行線三設テ、云前ト同シ。❶

『数理精蘊解』は、以下の特徴がある。

①ほとんどの例題は省略された。章節全体が省略したところもある。たとえば、「幾何原本第十六」という部分は、「第十一ニ述ルト同シ」であるため、「第十六」はすべて省かれた。

②略字の使用が多い。たとえば、「幾何原本第一」に「、」をもちいて、「点」という字を代える。「第八」に「圣」をもちいて、「径」を代える。

③和算用字の使用。

円について、『数理精蘊』は「圜」という字を使用している。『数理精蘊解』には、その字は一度も使わなかった。すべて、和算用字「円」或いは「圓」を使用した。

④原書の章節を合併した。

上に引用した「幾何原本一」のうちのタイトルを見るとすれば、『数理精蘊』原書の二つ、三つのタイトルを併せたものが少なくないであろう。たとえば、「第十八第十九第二十」、「第二十一第二十二」というタイトルがある。

❶ 『数理精蘊解』、「巻二解」、「幾何原本一」

⑤単になる翻訳ではなき、訳者の評論を加えた。

たとえば、第一冊の「巻一解」は原書の「巻一」の内容を訳せず、訳者は『数理精蘊』全書の内容についての解説を記した。

> 右数理ノ本原ハ我国諸算書詳ク謂之故ニ今不記之。西法暦用所、我国従来流布スルト異ナル者ハ弧度八線ノ比例ナリ。其他算術ニ至テハ其解丁寧返復シテ、布而通シガダシ。今点竄ノ簡易ニ対シテ、称スルニ不足。其八線ノ術ニ至而ハ、実ニ一奇術ナリ。依テ八線及勾比例ニ関ルモノ及西法従来ト異ナルモノ解之。其余従来ト理数不異、其解迂遠ナルモノハ畧之。❶

第二冊の最後のページに、以下の解説がある。

> 右識所数理精蘊上編之解ハ三角形幾何比例ノ理ヲ云者。解之三角形角度之理ハ、算家之人未謂所也。其立積諸形及垜塁、差分、方程、盈朒其他平立法ノ分約術ノ類。原書記ト雖、元来算家要務、諸書記之。不珎、故略之。❷

この二つの解説とも、『数理精蘊』が当時の和算に劣るところ、和算と重ねるところおよび和算にないところをはっきりと説明した。『数理精蘊解』も、これにもとづいたものである。つまり、『数理精蘊』の価値ある部分だけを和訳した。

⑥日本の事例を入れる。

第十冊「数理精蘊巻四十解」「画日晷法」の「地平日晷法」という部分の計算において、『数理精蘊』原書の地理データを日本の江戸の地理データ（原文には、東武と称した）に換えて、計算を行った。つまり、江戸で、

❶ 『数理精蘊解』第一冊「巻一解」

❷ 『数理精蘊解』第二冊の文末

日晷を作る方法および日晷で節気を定める方法を以下のように示した。その部分のあとは、『数理精蘊』原書の「順天府日晷法」（順天府：北京）である。

原書北極高度トシテ識ストイヘドモ、今本邦東武ノ北極出地ヲ以テ作ルベシ。今原書ニ随テ此ヲ解ス。

丙甲乙角赤道ノ高、乃北極高度ノ余弦ナリ。乙丙甲角北極高、乙直角トス。乙甲、丁甲ト等シ。丁、円心トス。甲丁圏ヲ設ケ、南北線ヨリ左右へ十五度ヅツ印ヲ円周ヘツケ、円真丁ヨリ、印ヲ目当ニ東西線連筋ヲ引。右七十五度ノ線東西線ニ行合フ処ニ、辰ノ初トシ。以テ、　シテ左東西線ニ行合フ七十五度ノ線ヲ酉ノ初トス。依テ昼ノ日晷線ノ印トシテ、夫ヨリ丙へ線ヲ引。此線ニ丙乙ノ景移ルヲ以テ、時刻ヲ知ルナリ。又卯正、酉正ノ如キハ、東西線ニ平行シテ、丙ヨリ線ヲ設モノナリ。求ル法、数法有トイヘドモ、皆同意ナリ。或十五度毎ニ正切ヲ求メテ、付スルコトモアリ。其ニ同ジナリ。皆其線ヨリ線ニ至ルノ間、細分ヲナストキハ、一時ノ小余ヲ知ルナリ。[1]

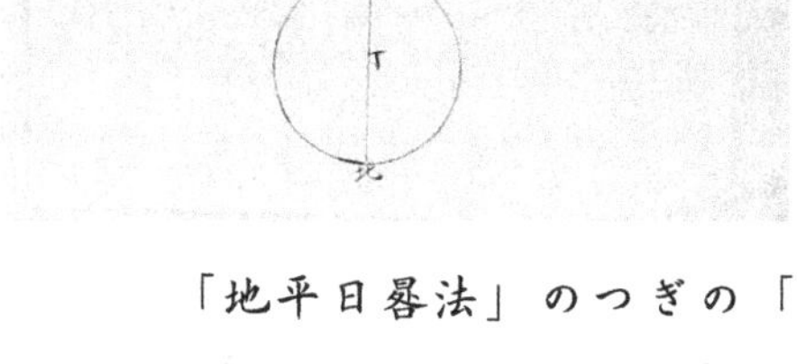

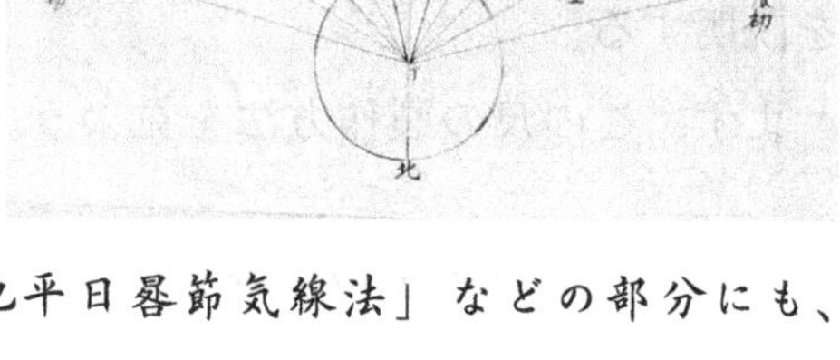

「地平日晷法」のつぎの「地平日晷節気線法」などの部分にも、江戸のデータをもちいて計算を行っている。

[1] 『数理精蘊解』第十冊「巻四十解」「画日晷法」の「地平日晷法」

第三節:『数理精蘊解』中の比例規の原理および用法

1. 比例規の種類

比例規は、一種の計算器具（比例コンパス）であり、各種の数学関係（比例）をコンパスの両足に移したものである。両足上の目盛りは、各種の比例により計算した数値である。比例規の使用方法を覚えたら、より複雑な数学思考が省かれ、規上の目盛りを見て、簡単に近似的な結果が求められる。測量において、非常な便利な器具である。『数理精蘊解』は、2 冊（全書計 11 冊）にわたって比例規解を翻訳する。

『数理精蘊解』で、紹介された比例規は、以下の通りである。（計 14 種）

平分線、分面線、更面線、分体線、更体線、五金線❶

分円線　正弦線　正切線　正割線　仮数尺　正弦仮数尺　切線仮数尺　割線仮数尺❷

この中、「尺」と命名したものはコンパスを使わず、定規の上に目盛りをつけるものである。

2. 比例規の用法

本論は、その中の「分円線」という比例規を例として、その使用方法を説明する。

まず、この尺の製作方法を見よう。

> 分円線乃円内ノ通弦線ナリ。
>
> 甲枢心ヨリ、乙丙両股ノ末ニ至テ幾何原本十二巻二十節ノ法ニ依

❶『数理精蘊解』第九冊「巻三十九解」「末部九比例規解」

❷『数理精蘊解』第十冊「巻四十解」「末部十比例規解」

テ、分之、分円線トス。或ハ八線表ヲ用テ三十分ノ正弦倍之一度ノ通弦トス。倍之二度通弦トス、又一度三十分ノ正弦倍之、三度通弦トス。追テ如此九十度ノ正弦ニ至テ、倍之一百八十度ノ通弦トナス。其分ヲ以テ刻之ナリ。左ハ線票六位表ニテ、可也。若此器大ナルトキハ、度毎ニ刻ベシ。先ハ八十度毎ニ記之ナリ。[1]

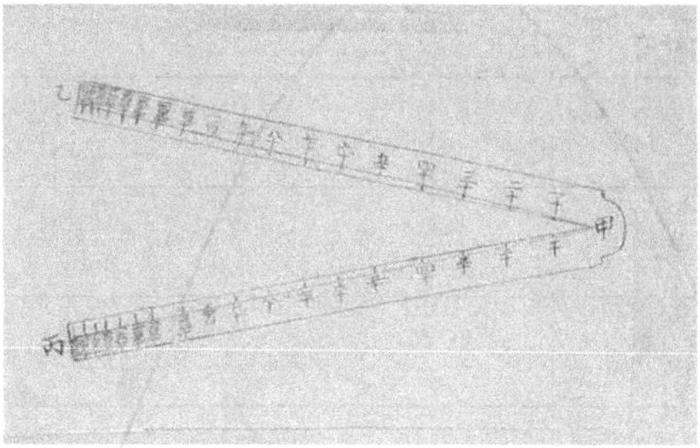

分円線は、各角度の正弦値をもちいて、目盛りをつけたものである。分円線は、円内の弦である。つまり、下図中のAB或いはBCである。

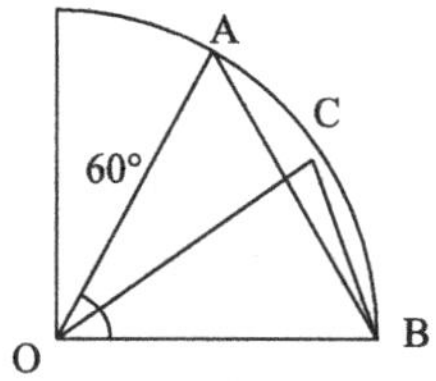

仮にその円の直径を1とすれば、正弦定理により、以下の等式がある。

$$\frac{BC}{\sin BOC}=2R$$

$$\frac{AB}{\sin AOB}=2R$$

そのうち、Rは半径、$2R=1$

$BC=\sin BOC$

$AB=\sin AOB$

そして、各弦の長さは、それらの相対する角の正弦値になる。

[1] 『数理精蘊解』第十冊「下編巻四十解」「末部十比例規解」「分円線」

30分ずつの正弦値を目として、コンパスの両足にもって、そのコンパスは分円線という比例規になる。作った分円線比例規は、前ページに添付した写真のようである。その実質を、以下の正弦図像で、分析する。

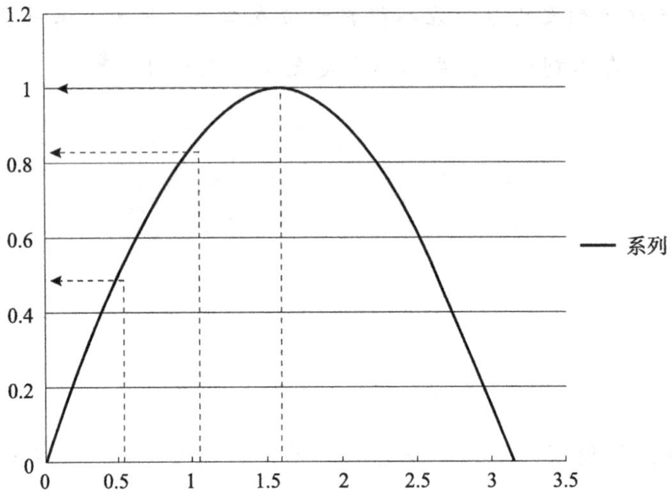

上の図の「系列1」は、正弦関数の図像である。横軸は角度、縦軸は正弦関数値。(横軸の座標の単位は、ラジアン単位。)

曲線の各点が縦軸へ投影した各点は、つまり分円線比例尺の目盛りである。ただし、縦軸に、元々の縦座標を標せず、横軸の座標を標す。

以上で、分円線比例尺の原理を分析した。つづいて、その用例を見よう。

円中容五角、外径六寸。内面ヲ問。

答三寸五分余。

法全周ヲ置ク角数ヲ以テ除テ、弧トス。外径半之、半径トス。乃六十度底ナリ。得ル処ノ弧数ヲ以テ、弦トシ。其底ヲ取テ、答数トス。円中容角通術ナリ。❶

この問題は、円内の五辺形の辺の長さを求める問題である。文中の「全

❶ 『数理精蘊解』第十冊「下編巻四十解」「末部十比例規解」「分円線第四」

周ヲ置ク角数ヲ以テ除テ、弧トス」というのは、全周360度を角の個数5で割って、72度を得るということである。「外径半之、半径トス。乃六十度底ナリ」というのは、60度相対する弦の長さは、半径と同じ長さになる。外径は、円の直径である。

測る方法は、以下の図の示したようになる。

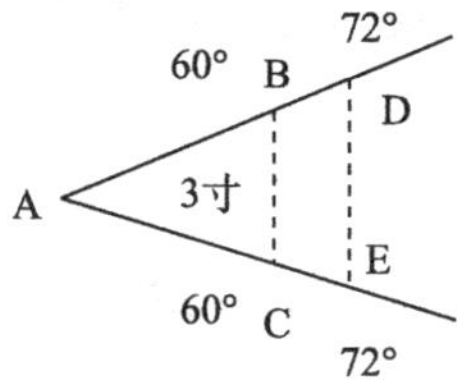

直径が1であるばあい、60度の相対する弦は、上図中のABになり、72度の相対する弦は、ADになる。つまり、ABは、60の目盛り、ADは72度の目盛りである。

B点とC点をもって、コンパスの両足を問題中の半径3寸という長さで、開ける。半径の長さは、60度の相対する弦の長さと等しいである。

問題中の60度の弦＝半径＝3寸、つまり上図中のBCである。

上図中：

ΔABC と ΔADE とは互いに相似である。

$$\frac{AB}{AD}=\frac{BC}{DE}$$

ABは、60度の目盛りである。（直径が1であるばあい、60度の相対する弦）

ADは、72度の目盛りである。（直径が1であるばあい、72度の相対する弦）

BCは、問題中の60度の弦である。

よって、DEは、問題中の72度の弦である。つまり、求めようとする五辺形の辺の長さである。普通の定規で、DEの長さを測って、五辺形の辺の長さを得る。

いわゆる比例尺は、つまり平面座標系の横座標と縦座標とを一本の直線にまとめたものである。

この尺をもちいるとすれば、煩瑣な計算が要らなく、ただ尺で計って、計算結果が簡単に求められる。

比例尺は、測量において非常に便利なものであるため、『数理精蘊解』の訳者は、この部分を完全に翻訳したのであろう。

小　括

本章および第一章第六節は、『数理精蘊解』を対象としたはじめての調査研究である。『明治前日本数学史』および『和算史年表』など先行研究は、『数理精蘊』巻 38「対数比例」の最古和訳本が 1823 年篠原重富の『製対数表法』であると述べている。巻 38 以外の『数理精蘊』の和訳本について、これまでの研究は触れていない。

本論文は、巻 38「対数比例」以外の部分の和訳本も存在すること、および巻 38 の最古の和訳本は 1823 年篠原重富の『製対数表法』ではないことをはじめて指摘した調査研究である。

『数理精蘊解』中の計算尺について、本章で正弦尺を例として、その数学原理を明らかにした。つまり、その種の計算尺は、平面座標系の横座標と縦座標とを一本の直線にまとめたものであると解明した。

第七章
金武良哲『数理精蘊』写本研究

金武良哲『数理精蘊』写本は現在佐賀県立博物館の蔵書である。金武良哲は、江戸末期、明治初期に活躍した学者である。彼の『数理精蘊』写本は、代数を中心とした以下の部分の写本である。

上編巻 1 ー 3

下編巻 3 ー 4

下編巻 27 ー 30

下編巻 33

下編巻 35 ー 36

第一節：金武良哲の略伝

金武良哲の経歴については、板沢武雄『日蘭文化交渉史の研究』「佐賀の蘭学者金武良哲先生に就いて」より、佐賀市紺屋町安楽寺の励斎相良頼善氏が書いた碑文を引用した。碑文の概略は以下の通りである。

先生諱良哲，氏金武，號觀養，家世事鍋島須古大夫，弱冠而學和蘭醫術於島本龍嘯，龍嘯死乃如江戶，從伊東玄朴，玄朴亦龍嘯門人也，……，弘化元年歸，開業於佐賀中町，……，元治元年擢士籍，……，後藩廳置軍事病院於好生館，加先生中病院長，尋進小教諭兼數學小師範，……，凡先生讀泰西書，不譯則不已，其書今充棟，所著暹甸人身諸器名字書，物理學篇，化學篇行于世，先生以明治十七年二月二十八日卒，享年七十有四……。❶

以下にこれを読み下す。

先生、諱良哲とす、氏は金武，觀養と号す。家、世々鍋島須古大夫に事う、弱冠にして和蘭醫術を島本龍嘯に學ぶ、龍嘯死すれば、乃わち江戸へ如き、伊東玄朴に従う、玄朴、亦龍嘯の門人なり、……、弘化元年帰り、佐賀中町に於いて開業す、……、元治元年士籍に擢んでらるる、……、のち藩廳軍事病院を好生館に置く、先生を加えて病院長に中てる。尋いで小教諭兼數學小師範に進む、……、凡そ先生泰西の書を読むに、譯せずんば則わち已まず、其の書、今充棟す。著すところ、暹甸人身諸器名字書、物理學篇、化學篇、世に行わる。先生明治十七年二月二十八日を以て卒す、享年七十有四……

よって、金武良哲の略伝をつぎにまとめることができる。

金武良哲（1811—1884）、佐賀藩士、島本龍嘯の門人、蘭学者である。人体解剖・医学、物理、化学、数学などを学ぶ。訳著は数多い。

第二節:『数理精蘊』上編の写本の内容

1. 金武良哲写本『御製数理精蘊』上編巻 1、2 の冊の内容

本冊の表紙に、楷書で「御製数理学一二」と書かれている。本文は、

❶ 板沢武雄、『日蘭文化交渉史の研究』、吉川弘文館、1986、pp568 ～ 569

刊本の版式そのままに、手書きの倣宋体を基本に、ページによって一部楷書で、写された。目録の最初ページの右下に、小さい楷書で、「金武良哲品」と書かれてある。全書は、縦書き。

本冊の頭は、巻1～巻5の目録である。（以下、総目録と称す。）また、巻1本文と巻2本文の巻首に、再び当巻の目次は書かれている。原書の本文中に、再度の目次はない。

総目録中、巻1の部分は原書の巻目・タイトルと同じように書かれている。巻2～巻5の部分は、原書とは異なるタイトルが書かれている。

原書巻2～巻5の目録には、巻目の右に、「幾何原本一」～「幾何原本十二」と「算法原本一」、「算法原本二」を一つ一つ、計17ヶタイトルが書き並べられている。

当写本の総目録に、「巻二」を「幾何原本一之五」、「巻三」を「幾何原本六之十」、「巻四」を「幾何原本十一十二」、「巻五」を「算法原本一二」と省略して名づけている。ここの「之」は「の」ではなく、「ゆき」と読む。

本冊の目録は、全部巻目の右に、一文字下げ、タイトルが書かれている。それは原書と一致である。

本冊の目録には、別冊の「巻3」も含まれ、また本冊と「巻3」冊の寸法も同じく26.3cm × 18cmで、相同である。この二点より、本冊と「巻3」冊は、書写した際、セットになるものであると判断する。

総目録には、巻4と巻5もある点から見ると、巻4と巻5も同時に写されたが、後で散逸されたと推測できる。また、原書巻4の「幾何原本十一」と「幾何原本十二」は作図法であり、巻5は「数」の知識であり、幾何学公理や定理を論じている巻2と巻3とは、大いに異なるから、良哲は、元々巻4、巻5を省略し、写さなかった可能性もある。

巻1は、「数理本原」、「河図」、「洛書」、「周髀経解」により構成される。「数理本原」は「数理」という学問の研究対象を論じ、即ち、「数理」学の概念を示している。「河図」、「洛書」、「周髀経解」は中国古代の数学であり、西洋数学とは関係ない。しかし、巻1に、『数理精蘊』全書に、貫通し使用されている基本用語がある。正にこの点により、金武良哲は写した時、実質の内容がない巻1を残したかもしれない。巻1は実質の内容がなく、これに加えて、ページ数も僅か十数ページである。

本冊には、書き入れがない。

2.『御製数理精蘊』上編巻3の冊の内容

本冊の寸法と版式は「上編巻1巻2」冊と同じである。「上編巻1巻2」冊の総目録には、巻3の巻名は「幾何原本六之十」であるが、本冊の本文の前、また目次がある。総目録とは異なり、「幾何原本六」～「幾何原本十」は一つ一つ書かれている。それは「上編巻1巻2」冊とは一致する。

上編巻2と巻3には幾何学の基本公理、定理とその証明があり、また例題も多くある。『数理精蘊』中の「幾何原本」は、マテオ・リッチ訳『幾何原本』とは、ほぼ相同であるが、言葉遣いは、もっと簡潔になり、章節の順番等に、多少異なるところがある。また、巻3には、マテオ・リッチ訳『幾何原本』の訳されない「同式形」や「球」に関する部分を一部増補された。

それは、19世紀の学者が、『幾何原本』より『数理精蘊』の方を多く利用したことに起因するかもしれない。

本冊も、書き入れがない。

第三節:『数理精蘊』写本下編巻1、2の冊の内容

1.『御製数理精蘊』下編巻1、2の冊（巻1の部分）

本冊の冒頭に、計9ページの『数理精蘊』下編の総目録が書かれている。筆跡は『御製数理精蘊』上編写本とは異なるから、書き写す人は別々であると思う。また、上編写本とも異なり、表紙は空白である。

本冊と別冊の下編巻3、4の筆跡は同じ、寸法もほぼ相同である。よって、この二冊は元々セットであると思う。

全冊は宋体字の骨組みを採用する。ただし、具体的な偏傍については、楷書筆画も使う。

本冊冒頭の総目録は、原書の目録をそのまま写したものである。巻1から、巻40まで、全文が揃っている。全冊、巻目の左に、一文字下げで、巻名が書かれてある。ただし、巻40の巻目の左には、余白がないので、巻40の巻名は欠けている。これは、当初、巻40を写す計画がなかったためと判断する。

各巻名の下に、小字で、サブタイトルが書かれてある。それは原書と一致する。

巻1は以下の部分より構成される。

度量権衡　命位　加法　減法　因乗　帰除

以下、本冊の内容と金武良哲の書き入れを中心に述べる。

本文は、巻1の目次より始まる。上編写本と同じく、本文の前に、当該部分の目次が再度書かれている。

しかし、下編巻1本文前の目次に巻目の数字「一」は遺漏される。これは、誤写であろう。

1丁裏の上欄に、金武良哲の朱書、楷書小字で、縦書きの書き入れ三つがある。良哲はこう書く。

五度＝分寸尺丈引

龠

五量＝龠合升斗斛

分寸尺丈引、龠合升斗斛は古代中国の単位である。これらは、日本においても使われた。

「龠」は孤立的に書かれてある。「ふえ」の意味もあるが、ここは容積の最小単位である。非常用字であるか、字形は複雑であるから、良哲はこの字を上欄に書いた。

また、「龠」字に左ルビの「フエ」が書かれている。しかし、ここの「フエ」は音注ではないと思う。「龠」字が容積の単位としては、音が「ヤク」である。本冊の他所に、字の音読みも書きいれている。それらは、すべて右ルビになる。ここの「フエ」については、おそらく良哲が辞書を引いた際、「ふえ」の意味もあるから、覚えるため、左に「フエ」を書いたと思われる。字の右に、本当の発音「ヤク」は書かれていないから、良哲はもともと、この字の発音を知っていたわけである。

二丁表の右上に、「五権＝銖両斤鈞石」の書き入れがある。それは、上の「五度」、「五量」とは同じく、本文内容のまとめである。その五つの単位のうち、「斤」は、現在日本で使われている。「両」、「斤」、「石」は現在中国でも使われている。

本頁の文中、字の音注は数多くある。以下に逐一解読する。

文中「仞」字の右に、小字片仮名「ブン」のように見える書きいれがある。仞の字音は「ジン」である、如何でも「ブン」のように読めない。従って、良哲が書いたのは「ブン」ではなく、「ヅン」であるとは判断する。字形の似る「ジ」をミスで「ヅ」のように書いた可能性もある。しかし、学者である良哲の場合なら、このように誤っている可能性が非常に低い。良哲が「ヅン」を字音にしたのを究明するため、漢字字音を見てみる。

仞の呉音は「ニン」であり、仞の客家音「ngiun」（ローマ字転写）に似ている。仞の漢音は「ジン」であり、仞の広東音「jan」（ローマ字転写）に似ている。いずれも中古音である。日本において、近古音より生れた唐音の使用は、比較に少ない。『新漢和大辞典』には、仞の唐音が載せられていないが、他の字の音から、仞の唐音を推定しよう。常用字「子」の呉音も漢音も「シ」であり、唐音は「ス」（椅子）である。鼻音「ン」を加えれば、漢音の「シ」は「シン」になり、唐音「ス」は「スン」になる。よって、漢音「ジン」から唐音「ズン」になる漢字もあると推測できる。

また、『康熙字典』により、仞の字音は「而振切」である❶。近古音（元代以降）システムに従い、表音記号に転じれば、仞「ʈən」になる。日本語には、子音「ʈ」がなく、通常同じく舌先で発音する「ʦ」のように発音する。よって、仞の唐音は、「ʦən」に近い「ズン」である。舌先音である「ズン」を舌面音で発音しれば、「ヅン」になる。

よって、良哲は唐音を採用して、「仞」の音声を表記した。

右から三行目に、「咫」の右に小字カタカナ「シ」が書かれてある。

六行目に、「鬴」の右に小字カタカナ「フ」を、左に小字片仮名「カマ」が書かれている。右は、音読み、左は意を表す訓読みである。『康熙字典』によれば、「鬴」の意は、①調理用のなべ②六斗四升を表示する容積の単位❷。よって、本文中の「鬴」は右の読み方で、「フ」と読む。非常用字であるので、この字の本来の意味を兼ねて見るためかもしれない、良哲は、「カマ」も書いた。他字の左に書かれてある訓読みも同様であると思う。

「鬴」の下に、「鍾」の右に、「ショウ」が書かれてある。それは、読み仮名である。左に「サケヅキ」（判読難、または「サカヅキ」）が書かれている。『康熙字典』により、「鍾」の意は①酒器②六斛四斗を表示す

---

❶ 『康熙字典』【子集中】【人字部】

❷ 『康熙字典』【亥集上】【鬲字部】:《唐韻》扶雨切《集韻》《韻會》奉甫切,𠀤音父。《說文》鍑屬。《玉篇》或作釜。《周禮·地官·廩人》凡萬民之食食者,人四鬴上也。人三鬴中也。人二鬴下也。《註》六斗四升曰鬴。

る容積の単位である。[1]『漢和大辞典』によると、普通訓読みで「サカツボ」と読む。語意上、良哲が書かれた「サケヅキ」とは、同じである。しかし、「サケヅキ」ならば、小さい容器になり、本意からすこぶるずれている。

七行目に、「庾」の右に「シウ」が書かれてある。それも読み仮名である疑いない。しかし、「庾」の呉音も漢音も「ユ」であり、『漢和大辞典』などの漢字辞書にも、「ユ」しか載せられていない。「シウ」という読み仮名も上の「㑥」の場合と同じく、良哲が近世音の「唐音」を採用したと思う。

『康熙字典』中、「庾」の音を「以主切」である。金尼閣（Nicolas Trigault）『西儒耳目資』により、ラーテン字に転写すると、「yu」になり、『漢和大辞典』中の音読み「ユ」と一致する。良哲の書いた「シウ」は、一般の音読みとも明清時の官話音とも異なる。

江戸時代、長崎で、日中間の貿易をする中国人は、主に中国南部の人である。良哲は彼らの使う方言音を採用したかもしれないと思う。「庾」字の客家音は「ji」、広東音は「jyu」である。それは、良哲の書いた「シウ」と一致である。良哲はもう一度、現時に使う発音方を採用した。「シウ」という読み方も「唐音」に帰することができる。

八行目に、「秉」の右に「ヘイ」が書かれてある。「ヘイ」は読み仮名である。それは、漢音でもあり、中国近世音にも近い。

「秉」の左に「イナメベ」のように見えよう。しかし、「秉」の意味は、「手にもつ、にぎる」で、訓読みは、「とる」である。「イナメベ」とは、少しも繋がっていない。「イナメベ」という日本語単語はないので、これを試みに分解して読んでみよう。『漢和大辞典』に載せられている「イナ」の単漢字は、「稲」、「鯔」、「否」、「音」がある。[2]「鯔」、「否」、「音」は「秉」

❶『康熙字典』【戍集上】【金字部】:《韻會》諸容切，㚇音鐘。《說文》酒器也。……又量名。《左傳・襄二十九年》籲國人粟，戶一鍾。《註》六斛四斗曰鍾。

❷『漢和大辞典』により検索。

と完全に関係ない。だが、「稲」は「禾」（イネ）とは同意字である。而も、「秉」の部首は「禾」である。よって、「イナメベ」中の「イナ」は「禾」であると判断できる。この糸口から、「メ」は「目」、「ベ」は「部」であると推定できろう。「イナメベ」は「禾目部」であり、「秉」字の部首を示している。

「秉」の左の「イナメベ」と「鍾」の左の「サケヅキ」のことから見ると、良哲が文字の左にカナを書いた意図は、単純に音読みをつけるためではなく、その字について、補充的に説明することである。

八行目に、「劭」の右に「セウ」が書かれてある。「セウ」は、「劭」の漢音である。中国近世音にも近い。

本冊中の字音注は、以上で、全てである。漢音と唐音が異なる場合、良哲は、近世音の唐音を採用することが分かる。

頁二十三は、天文学の角度を計算する例題である。良哲は、当頁の上余白に、アラビア数字で、角度単位間の換算を行う。

左に、漢字で、角度単位間の換算率を書く。参照のためと思う。

周 十 宮 十 度 十 分 十 秒

一 一 二 三 〇 六 〇 六 〇

この表記方は、『数理精蘊』が示す表記方と同じである。

周、宮間は十二進法、宮度間は三十進法、度分間と分秒間は六十進法であるので、宮、度、分、秒に「十」桁が置かれている。

宮 十 度

二 三 〇

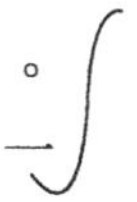

上の表記は､｢1 宮＝ 30 度｣を示している。積分符号に似る曲線はイコールの記号である。

右に、下表を書かれている。

周	宮	度	分	秒
1	12	360	21600	1296000
	1	30	1800	108,000
		1	60	3,600
			160	

本表中、「108,000」と「3,600」のところでは、桁区切りのコンマも使われている。

良哲は参照用の換算率を左に置き、実際の計算を右に行う。この点から見ると、良哲は西洋の左から右への読み書きのの習慣に慣れた。

頁二十四は、時間度を計算する例題である。良哲は、当頁の上欄に、アラビア数字で、時間単位間の換算を行う。

頁二十三の書き入れと同じく、左に、漢字で、時間単位間の換算率を書いた。

日	十	時	刻	十	分
1	2	4			
	1	4			
		1	1	5	

上の角度単位間の換算率とは異なり、ここの時間単位間の換算率は、アラビア数字で書かれた。時刻間は四進法であるので､刻の前に｢十｣の桁はない。

この表を現代数学式で表記すれば、以下のようになる。

一行目：　1 日＝ 24 時

二行目：　1 時＝ 4 刻

三行目：　1 刻＝ 15 分

日	時	刻	分	秒
1	24	96	1440	86400
	1	4	60	3600
		1	15	900
			1	60

この表中、数字間の空白をイコールに理解していい。現代数学式で表記しれば、以下のようである。

一行目：　1日＝24時＝96刻＝1440分＝86400秒
二行目：　1時＝4刻＝60分＝3600秒
三行目：　1刻＝15分＝900秒
四行目；　1分＝60秒

2.『御製数理精蘊』下編巻1、2冊（巻2の部分）

本冊巻2は以下の部分より構成される。

命分　約分　通分

巻2と巻1は一冊に収められているが､巻2より頁付を改める。巻2には、漢字ヘルビを振ることはを行なわれない。本冊巻2の部分は、主に『数理精蘊』例題の漢数字による算式をアラビア数字に書き直すものである。また、対照するため、西洋算式で、再度計算している。

頁二十三では､『数理精蘊』中の例題を西洋計算法で、計算する。

『数理精蘊』中の計算式：

五　　　　七

二

一四　　　一四

　　　　　二八

良哲が書いた計算式：

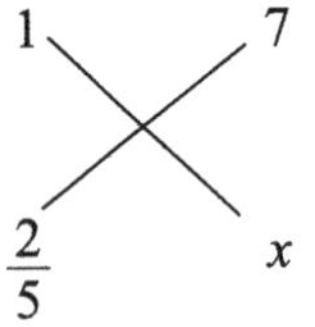

$$\frac{2}{5}\times\frac{1}{7}=\frac{14}{5}=2{,}8$$

2，8
5
14

両種の計算式を比較すると、若干異なるところがある。『数理精蘊』算式の左の五と二に対し、良哲は1と$\frac{2}{5}$を書いた。理屈は同じである。

未知数について、『数理精蘊』算式は空白を空けるに対し、良哲はxを使用した。上の中央の計算式は、西洋法による計算である。また、良哲は右の算式を以て、験算もした。「2，8」の「,」は小数点である。コンマを小数点として使用することは、西洋数学書によくあった。よって、良哲が読んだ西洋数学書は、「,」を少数点とした書籍であろう。頁二十六、このような書き直しと演算が行われた。写本中の問題：設如有長方田闊二丈又四分丈之三。長三丈又三分丈之二求積。写本中の計算式：

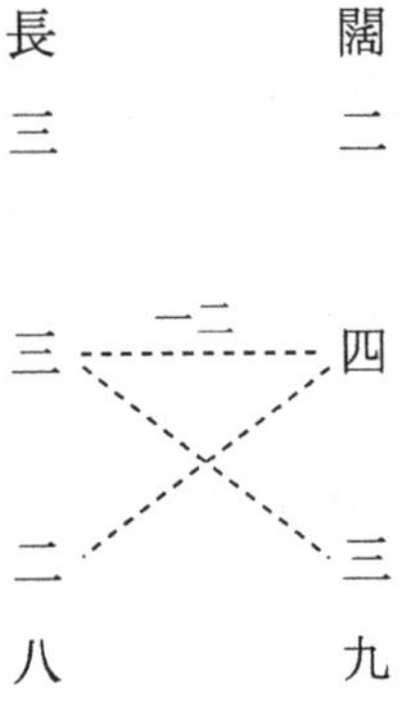

[一]（本論中の番号、下同）

		四	四
		三	三
	一	三	二
一	三	二	
一	四	五	二

[二]

		一	〇	〇	八
一	四	四			
一	四	五	二		
一	四	四			
〇	〇	一	二	〇	〇
		一	一、	五、	二
		〇	〇	四	八

[三]

『数理精蘊』本写本中の計算結果：一丈正方十。一尺正方八。零一百四十四分尺之四十八。

上挙算式の良哲の書き直しは、それぞれ、以下のようになる。

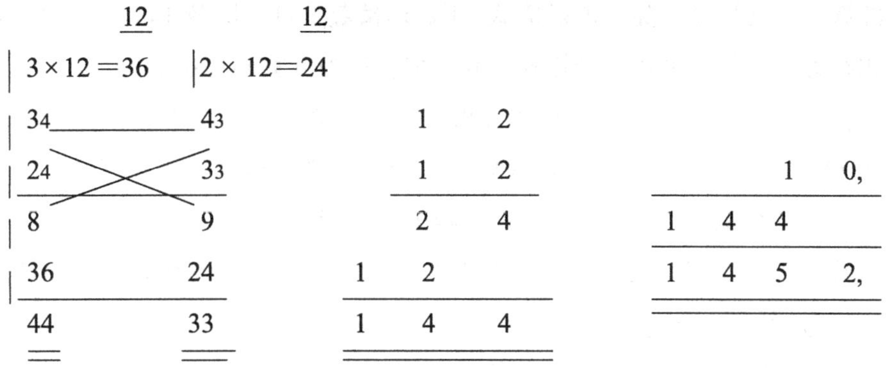

［Ⅰ］　　［Ⅱ］　　［Ⅲ］

この問題に対す、良哲の書いた西洋筆算式は、以下のようである。

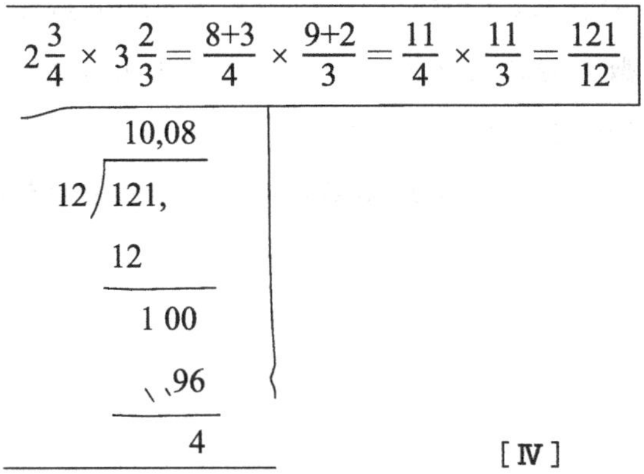

［Ⅳ］

上の計算式［一］、［二］、［三］は、『数理精蘊』本文中の解法に従った、主要ステップの漢数字計算式である。

計算式［一］は、通分である。良哲は、計算式［Ⅰ］のように、書き直した。その通分計算式は、現代計算式とは、形式上、多少異なっているが、実質上、相同である。計算式［Ⅰ］から見ると、良哲は旧式計算式に対しても、了解していた。

計算式［二］は、乗法の計算式で、現代式とは完全に同じく、良哲は省略して、書き直しなかった。

計算式［三］は、除法の計算式、『数理精蘊』は、除数 144 に関する計算式を省略した。良哲は計算式［Ⅱ］で、その計算過程を補充した。

良哲は計算式［三］を計算式［Ⅲ］に書き直した。だが、良哲は商数 10 を得るまでしか計算していない。この計算式の形は現代計算式とは異なるが、その実質は同じである。144 の上のラインは、現代計算式中の被除数の上のラインと同じく、144 下のラインは、現代計算式中の被除数の左の) とは同じである。

計算式［Ⅳ］は、近代西洋筆算により、良哲が書いた計算式である。両方法を対照するためであると思う。計算式［Ⅳ］は、現代の計算式と、完全に一致する。良哲は、コンマを小数点として表記する方法を採用した。

頁二十八に、『数理精蘊』中の計算式の右に、二行の書き入れがある。

本写本中の問題：設如有甲數五分之丈之三。又帶此一分之四分之一。與乙數五分之四又帶此一分之四分之二相乘。問得幾何。

問題中の甲数に対する計算について、『数理精蘊』中の計算式と良哲の書き入れは以下のようである。

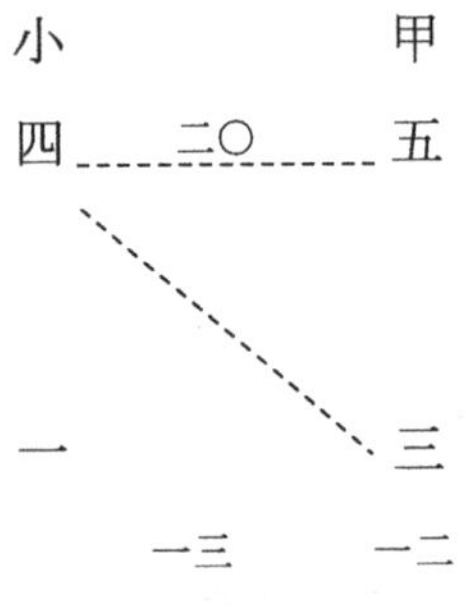

34ハ1ト3ト同物ニ成ンガ

34ニ依テ54タル者ナリ

この二行の文の示すところは理解しがたい。したがって、まず『数理精蘊』の計算式と対照してみよう。

「3､4は1と3と同物に成んが考え」3､4は､「3と4」の意味ではなく、下線があるので、「34」は一つの数字であるように理解でき、即ち3と4と相乗し12のことである。それは､『数理精蘊』計算式中､四､三を相乗し、十二を得ることに当たる。12は通分過程中の数字で、「1と」は「1と相加すること」であろう、「3と」は「12は通分前の3と相同である」に理解していいであろう。

「1と3と同物に成ん」は､12と1と3共に､甲数の分子13に成る。「同物」は分子13のことである。良哲の語ることは、『数理精蘊』計算式左下の部分のことである。

「34に依て54たる者」中の「34」は3と4と相乗することである。この文の意味は、3と4と相乗する法則に従い、5と4も相乗する、甲数の分母20を求めることである。この文は、『数理精蘊』計算式中、上の部分と一致である。

上挙の書き入れは、『数理精蘊』算法に対する良哲の理解である。

この例題に対し、良哲は、また西洋算法・算式で、計算した。

$$\frac{3+(1\cdot 1/4)}{5}\times\frac{4+(1\cdot 2/4)}{5}=\frac{12+1}{20}\times\frac{16+2}{20}=\frac{13}{20}\times\frac{18}{20}=\frac{234}{400}$$

これは、現在の計算式と同じである。

頁二十九に、上の例題と同類の問題がある。良哲は『数理精蘊』の算法については何も書かず。西洋算式のみを書く。

$$\frac{3+(1\cdot 2/7)}{4}\times\frac{5+(1\cdot 1/3)}{9}=\frac{21+2}{28}\times\frac{15+1}{27}=\frac{368}{756}$$

上の両行の計算式では、良哲は乗法記号について、「×」以外に、「・」も使っている。

頁三十に、乗法、除法の西洋筆算式の書き入れがある。それは、頁二十六の筆算式と同じである。

頁三十一に、分数乗法計算式の書き入れがある。それは、頁二十九の計算式と同じである。頁三十二、三十三も同じである。

頁三十四に、除法の計算式がある。除法記号は、「÷」ではなく、「：」である。

$$\frac{2}{9}:\frac{1}{3}=\frac{2}{9}\times\frac{3}{1}=\frac{6}{9}\qquad\frac{2}{9}:\frac{1}{3}=\frac{2}{3}$$

また、もともと、この計算式の左の余白に、除法の筆算式が書かれてあるが、胡粉によって修正されている。

頁三十六の右半葉に、『数理精蘊』原解法に対する解説と西洋解法による計算式が書かれてある。

本写本中の問題：設如有五分丈之三。以八丈除之。求得幾何。

本写本中の算式：

　　　　四〇
五 ---------------------八

三　　　　　　　　　三

　　　　　　　　　四〇
　　　　　　　　———————
　　　　　　　　　　七五

この算式に対する、良哲の解説は以下のようである。（原文縦書き）

85テ 40トナス者ハ 3ト同ナセンガ考ナリ

「8 × 5にして、40と成す数字は3と共に解となす」の意味である。85は数字8と5ではなく、8 × 5のことである。

下のアラビア数字の算式は、上の漢数字算式の書き直しである。

また、良哲は西洋算法で、もう一度計算した。以下のようである。

$$\frac{3}{5}:8=\frac{3}{5}:\frac{40}{5}=\frac{3}{\cancel{5}}\times\frac{\cancel{5}}{40}=\frac{3}{40}$$

```
    0, 075
40)3
   280
   ---
   020
    200
    ===
```

良哲は、「：」を除法記号とし、「,」を小数点とした。

頁三十六の右半に、『数理精蘊』原解法に対する解説と西洋解法による計算式が書かれてある。

本写本中の問題：設如有六丈。以八三分丈之二除之。求得幾何。

本写本中の算式：

```
      一八
六 ------------- 三

                 二
```

この算式に対する、良哲の解説は以下のようである。（原文縦書き）

63 ハ 2 ト同物ニナル

2 ハ即チ 3 × 4 数ト見ル

「63 は 2 と同物になる」とは、6 と 3 相乗し得た数字は 2 と共に、一つの解値になるという意味である。

「2 は即チ 3 × 4 数ト見ル」は、ちょっと理解し難い。原題には 4 という数字はなく、しかもいずれの計算過程中にも 4 が出てこない。したがって、「3 × 4」は「3 × 6」のミスと考えてよいであろう。

また、「3 × 6 数」中の「数」が 3 と 6 とを相乗して得る値 18 であるならば、この文の文意が通じなくなる。

この文は、以下のように理解してよいであろう。

「3 × 6」とは、原題中の 6 丈を、丈毎に三等分して、計 18 カ「三等分丈」を得るということである。すなわち、6 丈＝ 18 個「三等分丈」となる。

「数」は数値の意ではなく、個数の意である。「三等分丈」は 2 個である。

前の問題と同様に、良哲は以下のような西洋算式も書いた。

$$6:\frac{2}{3}=\frac{18}{3}:\frac{2}{3}=\frac{18}{3}\times\frac{3}{2}=\frac{18}{2}=9$$

```
     9,
2 ) 1  8,
   18
   ===
```

頁三十七において、良哲は、『数理精蘊』原算式に対し、次のように解説する。

丈	丈 ·法	丈 ·実
二四	二	2×3モ丈24×3モ分子2ト同物ニスル視ナリ
	六	
	三	
	二	
七二	八	

この例題の西洋解答法による計算式もそばに書かれてある。

$$24:2\frac{2}{3}=72:8=\frac{72}{8}$$

頁三十八にも同様な解説と西洋計算式が書かれてある。良哲の解説文は「丈２×３テ分子２ト同物トナス」である。この「同物」も「最終の解答値」を指している。

頁三十九に、良哲は原書中の漢数字除法筆算式をアラビア数字に書き直し、その計算法則も説いた。

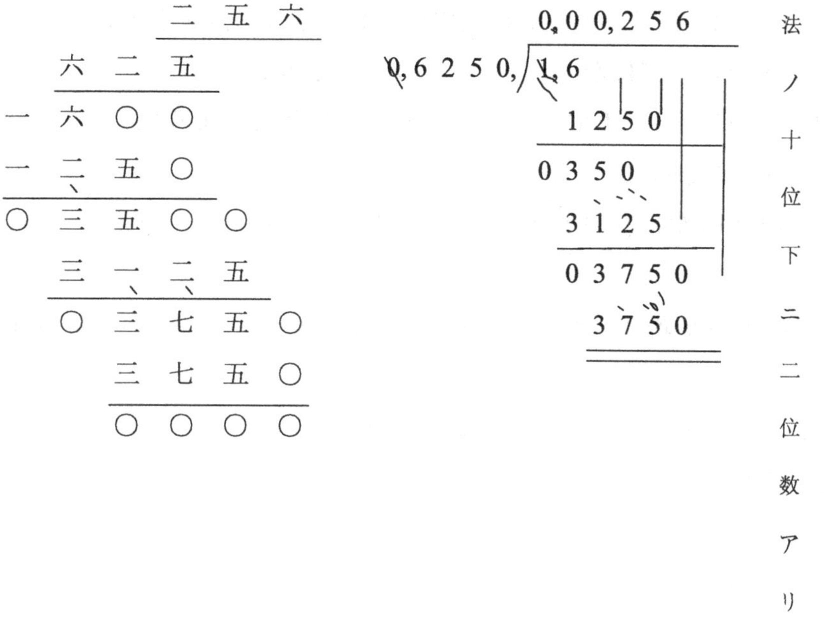

対比して見れば、左の漢数字の筆算式は、右の筆算式と、本質的に同じである。良哲の説いた法則は、小数除法中商数の桁を繰り上げる法則である。

この例題について、良哲はまた、西洋算式で、もう一つの開方をしめしている。

頁四十に、漢数字の比例計算式をアラビア数字で除法計算式に書き直す。

頁四十一に、『数理精蘊』原文中の解法ついての三行の解釈文が書かれてある。

4ハ7×数ナリ　　43ハ7×3×4数トナル

十四ハ3×数ナリ　十四　七ハ7×3×4数トナル

故二九十八ト十二トハ同物ナリ

上掲の解釈文で、良哲は漢数字とアラビア数字を混用している。ここにいう「数」は、頁三十六の解釈文中の「数」と同じ意味と考えられる。つまり、「あたい」ではなく、「かず」の意味である。

「同物」とは、ここまで、ここまで幾度も確認したように、「最終の解答値」という意である。

上の解釈文の左に、「$12\overline{)98}$」の計算式で、本例題の解答値を求めている。

さらにその左半葉に、漢数字の比例計算式をアラビア数字で分数除法計算式に書き直している。

頁四十二と四十三では、漢数字の乗法と除法計算式をアラビア数字の計算式に書き直す。解説はない。

以上で、下編巻2の部分は終わる。

下編巻1、2冊中の良哲の書き入れについての分析をまとめると、以下3点が分かる。

①漢字の読み方について、良哲は、近世音の唐音を採用する。良哲が謹厳な治学態度を以て、古い時代の発音より、現時の発音のほうを採用する傾向にあったためかもしれない。

②良哲は、『数理精蘊』中の原漢数字算式をほとんど書きなおした。除法計算について、『数理精蘊』は、一般に数字を拡大して、計算する。それは、近代西洋解法（現代解法も）が原数字で直接計算する方法とは異

なる。良哲は、『数理精蘊』原解法をよく解説している。

③良哲は自分の書いた近代西洋計算式については、解釈文を一つも書かなかった。

第四節:『御製数理精蘊』写本下編巻27、28の冊の内容

本冊の冒頭に、『数理精蘊』下編巻27の目録が楷書体で書かれている。表紙は白紙である。

本文は、巻27は楷書体、巻28は倣宋体で書かれている。

本冊は以下の部分より構成される。

巻27　　各等面体

巻28　　球内容各等面体　　球外切各等面体

前の部分と同じように、一部分の漢字にルビを加えた。「稜」の右に、「ヒラカド」、「角」の右に「トガリカド」が書かれてある。また、「四」、「六」の右下に、小さい「ツ」が書かれてある。「ヒラカド」は、平面上の角を指している。「トガリカド」は、立体上の角を指してある。また、「鋪」の右に「ノブ」が書かれてある。

以下、本冊の良哲が書いた計算式について述べる。

『数理精蘊』中の原題:設如有四面體。毎邊一尺二寸。求積幾何。

解法について、『数理精蘊』は文字で述べる。良哲は、詳細な計算式を書いた。(字が小さく、密集しているので、判読が困難であったため、以下は筆者が計算したあと、認読したもの。)

```
  1 2
  1
 ─────
  2 4
 1 2         每
 ─────
 1,4 4   =辺
 ═══         巾
(計算式Ⅰ)
```

```
知中垂＝1, 0 3 9 2 3 0 4
        1,0 8
        1
200)       8 0 0
           6 0 9
2069)     1 9 1 0 0
          1 8 6 2 1
20782)      4 7 9 0 0
            4 1 5 6 4
207843)       6 3 3 6 0 0
              6 2 3 5 2 9
20784604)       1 0 0 7 10000
                    8 3 1 38216
(計算式Ⅳ)
```

```
  ,6     半
 ─────
 ,36  =辺
 ══      巾
(計算式Ⅱ)
```

```
1,4 4
      3 6    中
─────
1,0 8   =垂
           巾
(計算式Ⅲ)
```

```
中垂＝1,0392304  每
          1,2＝辺
   ──────────
   20784608
  10392304         一
2)124707648        面
   ──────────
   62353824  ＝    面
(計算式Ⅴ)          積
```

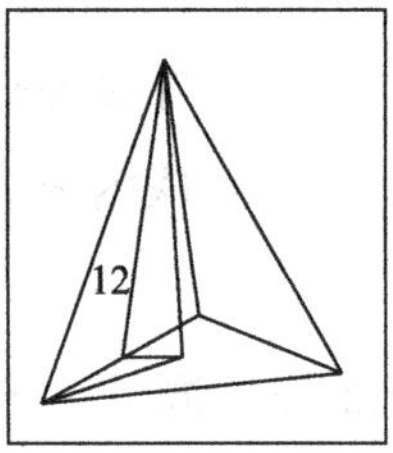


```
1,0392302
        2
3)20784604
  6928201  =勾
  ════════
(計算式Ⅵ)
```

```
        1,2＝玄
3)1,0392304＝中垂
  3469101
        2
  ──────────
  6928202＝ 勾
√(玄²−勾²＝9797959 ＝立
(計算式Ⅶ)           垂
```

計算式Ⅰは、四面体の辺の平方を求める算式である。「巾」字の原意は「はば」であるが、ここでは、「冪」の異体同意字であり❶、「ベキ」と読む。また、

❶ 『漢字源』の解釈は「冪の代用字として用いるが、別字」であるが、『康熙字典』は「又《正韻》冪也。《周語》靜其巾冪。《註》巾冪，所以覆尊彝」と解釈する。よって、巾は別字ではなく、冪の同意字であると判断した。

良哲は、旧正字「邉」ではなく、簡略的異体字「辺」を使用した。

計算式Ⅱは、半分辺の平方を求める算式である。

計算式Ⅲは、ピタコラース定理により、「中垂」の平方を求める算式である。「中垂」即ち、側面底辺の高さである。「中垂」＝側面底辺の高＝現在の中垂線

$$\Rightarrow h^2 = b^2 - \left(\frac{b}{2}\right)^2$$

計算式Ⅳは、筆算開平式を以て、「中垂」を求める算式である。

計算式Ⅴは、側面の面積を求める算式である。算式の上部は、「辺長×中垂」の計算で、下部は、上の計算値の半分を求める除法算式である。

$$\Rightarrow S = \frac{b \cdot h}{2}$$

計算式Ⅵは「中垂」の三分の二の値を求める算式である。中垂線の2/3点と四面体頂点間の線は、この四面体の高（計算式Ⅶの立垂）である。算式中に書かれてある「勾」は､即ち「中垂」の三分の二である。しかし、良哲は「中垂」値を移し書く時､最末桁の「4」をミスで「2」と書いた。この「勾」の計算値は誤っている。

計算式Ⅶの上部は、計算式Ⅵと同じく、再度「勾」値を求める計算式である。この計算は正しい。下部は、ピタコラース定理により、「立垂」値を求める計算式である。「立垂」は、四面体の高である。

「玄」は、漢籍「勾、股、弦」の「弦」字略写で、四面体の辺（底辺）を指している。

良哲は、開方記号を $\sqrt{}$ のように書いた。それは、開方記号のもう一つの書き方であり、現在もときどき使われている。

$$H = \sqrt{b^2 - (\frac{2}{3} \times b)^2}$$

続いて、良哲はこの四面体の体積を求める方法を以下のように書いた。

$$\text{四面体ノ体責} = \frac{\text{面責} \times \text{立垂線}}{3}$$

上の算法は、即ち　$C=\frac{1}{3}\cdot S\cdot H$と示す。

良哲は、体積の「積」を略して、「責」と書いた。

『数理精蘊』はまた、文字叙述で、「立垂」の値を求める簡便な方法を紹介する。良哲は、その例題を西洋算式で、解答している。

捷法以毎邊一尺二寸自乘。(下略)

良哲は、「捷法」に、「ハヤブン」となルビを振る。「ブン」の由来はわからない。

良哲の計算式は、以下のようなものである。

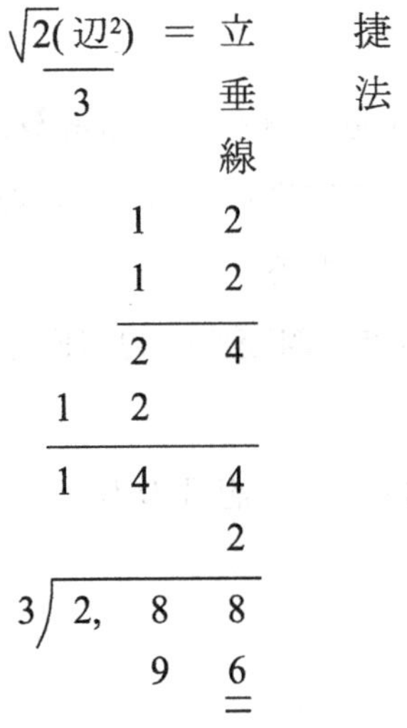

(計算式Ⅰ)

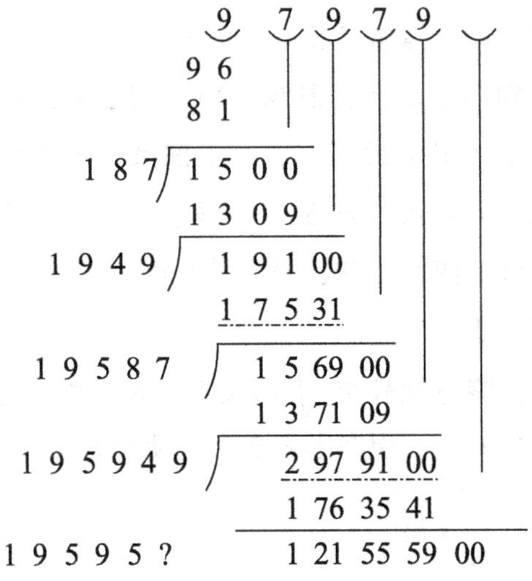

(計算式Ⅱ)

計算式Iは、辺の平方の三分の二の値を求める算式である。

計算式IIは、その値に対する筆算開平である。しかし、下線を引いた二ヵ所の計算は誤っている。(1949 × 9 = 17541で、17531ではない。156900 − 137109 = 19791で、29791ではない。)

この「捷法」について、『数理精蘊』は文字で述べる。良哲は、この過程を以下の和算式に書き直した。

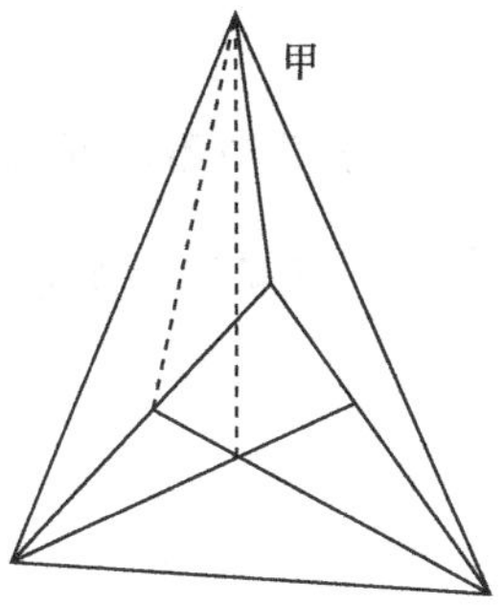

$甲戊線=\dfrac{甲丙線}{2}$　　$甲戊巾=\dfrac{3}{4}$ 甲丙巾

甲戊巾=玄巾　　戊己線　　戊己巾=1　　甲戊巾=9分

|　　||　　　　|

己戊巾=勾巾　　$\dfrac{戊甲線}{3}$　　甲戊巾=9　　戊己巾=1分

||　　　　||

甲己巾=股巾　　　　甲己巾=8分

$$\frac{甲戊巾}{甲丙巾} = \frac{3}{4} \qquad \frac{甲己巾}{甲戊巾} = \frac{8}{9} \qquad \frac{甲己巾}{甲丙巾} = \frac{\cancel{24}}{\cancel{36}}\ \frac{\cancel{4}}{\cancel{6}}\ \frac{2}{3}$$

$$\text{甲丙巾}=\text{四面体一辺巾}\qquad\sqrt{\left(\left[\frac{\text{四面体一辺巾}}{3}\times 2\right]=\text{甲己巾}=\text{高数巾}\right)}=\text{高数}$$

甲戊線$=\dfrac{\text{甲丙線}}{2}$の等式は、誤っている。正しくは、甲戊線$=\dfrac{\sqrt{3}}{2}$甲丙線である。それは丙戊線$=\dfrac{\text{甲丙線}}{2}$を誤写したからかもしれない。

小　括

金武良哲の『数理精蘊』写本は、代数を中心とした部分の写本である。金武良哲は佐賀藩好生館の教官を担当した経験があるため、この写本は教学用参考書であろう。

金武良哲の『数理精蘊』写本の特徴は以下の三点である。

①『数理精蘊』の幾何の部分も写されたが、この部分に、書き入れはない。代数の部分に、多くの書き入れがある。

②金武良哲は、『数理精蘊』中の原漢数字算式をほとんど書きなおし、『数理精蘊』原解法もよく解説している。一部のところで、和算式も使われている。本章は、『御製数理精蘊』下編巻27、28の冊の中の和算式を例として、現代数学式で、説明した。

③金武良哲の書き入れは、ほとんど算式であり、文字の説明が少ない。

第八章
福田家『数理精蘊』写本研究

福田家『数理精蘊』写本は、幾何を中心としたものである。本書の末尾には、大阪算学校の出版予告リストも付されている。本章で、この写本の特徴を論述する。

第一節：書誌調査

京都大学附属図書館に、大阪府算学校の数学書コレクションがある。このコレクションは、昭和二年二月十日和算家会田安明の誕生記念日に、岡島伊八により、京都帝国大学へ寄贈された書籍である。その中に、『数理精蘊』上篇巻二～巻五の写本、計四冊があり、書誌情報及び内容は、それぞれ以下のようである。

①『御製数理精蘊上編』巻二

表紙のラベルに、「御製数理精蘊　算法原本　完」と書いている。内題は「御製数理精蘊上編巻二」である。目録は、以下のようである。

「幾何原本一」

「幾何原本二」

「幾何原本三」

「幾何原本四」

「幾何原本五」

本冊は、『数理精蘊』の「幾何原本」一～五の写本であり、「算法原本」とは別の部分である。よって、表紙に書いている「算法原本」と「完」は明らかに誤っている。

本写本の第四冊は「算法原本」の写本である。第四冊のラベルを第二冊の表紙に貼るのは、後の収蔵者のミスであると思われる。

本册の石印の扉に、以下のように書いている。

「翔心検天枢
潜意検地軸
司天台内測量史　金塘題」

また、「金塘」印の図案と「家蔵版□稿」印の図案も印刷している。金塘は、江戸後期の暦算家である福田復の号である。

本册の末尾に「長興蔵書」印がある。

本文は、手書により成され、文中朱書読点と書き入れがある。

②『御製数理精蘊上編』巻三

これは、本写本の第二冊である。

表紙のラベルに、「御製数理精蘊　算法之部」と書いている。内題は「御製数理精蘊上編巻三」である。目録は、以下のようである。

「幾何原本六」
「幾何原本七」
「幾何原本八」
「幾何原本九」
「幾何原本十」

扉頁は、第一冊と完全に同じです。

本文にも、朱書読点と書き入れがある。

最後の頁に、「長興蔵書」印がある。

③『御製数理精蘊上編』巻四

これは、本写本の第三冊である。

表紙のラベルに、「御製数理精蘊　算法之部」と書いている。内題は「御製数理精蘊上編巻四」である。目録は、以下のようである。

「幾何原本十一」

「幾何原本十二」

扉頁は、第一冊と完全に同じです。

本文にも、朱書読点と書き入れがある。

最後の頁に、「長興蔵書」印がある。

④『御製数理精蘊上編』巻五

これは、本写本の第四冊である。

表紙のラベルに、「御製数理精蘊　算法之部」と書いている。内題は「御製数理精蘊上編巻五」である。目録は、以下のようである。

「算法原本一」

「算法原本二」

扉頁は、第一冊と完全に同じです。

本文には、朱書読点と書き入れがある。

最後の頁に、「長興蔵書」印がある。

目録の前にある内題は、「 御製数理精蘊上編巻五」であるが、「五」を上に、朱書で見せ消とし符号が書かれ、その側に、黒い「一」が書かれている。

本写本は、『数理精蘊上編』巻2～巻5により四冊で構成するものである。『数理精蘊上編』巻1は「数理本原」であり、中国古代の数学「河図」

と「洛書」はその内容である。巻1は、西洋の数学とは、完全に別のものであるから、福田金塘はその部分を省略したと思われる。だが、当写本の蔵書者は、勝手に「巻五」を「巻一」と改したのは、以下の二つの理由だと思われる。

一つは、当写本の所有者は、いきなり巻2から始まることを普都合に思ったらしい。「巻五」を「巻一」と改すれば、慣習に合う。

もう一つは、所有者は、『数理精蘊』の全書を見たことはなく、『巻一』の存在が分からなかったと思われる。

本写本の全四冊の中、大量の朱書書き入れがあることから見ると、所有者はこの本を詳しく勉強したことが分かる。しかし、この写本の所有者は、当写本以外の部分を知らない。この二点から考えば、明治時代に入ってから、『数理精蘊』の利用できる一部の部分は、なお学者に使用されていたが、『数理精蘊』その書籍自体はもうすでに、広く知られなくなったと思われる。

各册の最後に、「大阪府算学校　貫通書斎蔵版豫記」という出版予告がある。

第二節：写本考察

本稿は、写本の第一冊を詳しく考察する。

1.『御製数理精蘊上編』巻二「幾何原本巻一」

本冊は目録を除いて、計51丁あり、本文と図形よりなされている。本文は楷書体で、各ページの下に、図形は上に、書いている。以下に、京都大学理学部蔵光緒八年江寧藩司刊本『数理精蘊』(以下光緒江寧本と略称) と比較する。比較は、当写本の一丁を単位として、行う。

一丁目の前半：

計七列、毎列15文字がある。それは、光緒江寧本の版式とは、完全に相同である。各列の首尾の文字も同じである。但し、光緒江寧本は「、」、「。」のような読点が付けられているが、本写本は読点はない。

一般の写本は、漢字字形について、簡略形を使うのが多いであるが、この丁には簡略形を二ヵ所しか使用しなかった。一つは、四つ目の図形の所に、「體」を「躰」のように書いている。もう一つは、最後の列に、略字「躰」と「点」を使った。

その二ヵ所以外、すべての漢字を、正しくに書いた。例えば、一般の写本や本写本の他の丁には、「為」を「为」のように書くのが普通であるが、ここの「為」は、正字を使った。

書き入れはない。

一丁目の後半：

列数、列毎の字数、各列首尾の文字については、前半と同じく、光緒江寧本の第一頁の後半と相同である。

但し、「第三」条の「第」を「弟」のように書いている。「第三」条から以後、基本に、簡単に「弟」のように書いた。それは、手書きの便宜上のためであり、誤字ではない。

また、光緒江寧本の第二頁の最初の図形を本丁の最後に写している。

それは、閲読の際、対照しやすいためであると思う。

本冊に、一丁目は、光緒江寧本の版式と相同であり、その他の丁は殆どすべて光緒江寧本との差異がある。

一丁目の行列数、各列の首尾文字、略字の使用などの特徴から見ると、当写本は、光緒江寧本より、写したものという可能性があると思う。

二丁目の前半：

二丁目から、版式は光緒江寧本と差異がある。また、略字もより多いく使用した、例えば、「第四」、「第五」条の「第」を「弟」、「股」を「殳」のように書いた。

また、原書ページ数と基本一致を保つため、「第三」条の例を文中注の形式で、小文字で書いた。

また、原書の文を少し改変したところもある。「第三」の条の最後に、光緒江寧本は、「遂成大角矣」のように書いた。本写本は、「遂為大角」のように書いた。何故、一文字を略したかというと、「遂為大角」の下に、もう一文字を書く空間がなくなり、当列をキチンとするため、語気詞「矣」を省略したと思う。

二丁目の前半にも、書き入れがない。

二丁目の後半：

本丁に、原文の左に、朱書書き入れがある。「第五」の条を例として、見よう。

原文は、このように書いている。

凡有<u>一線</u>以此線之<u>一端</u>為枢、後以此線之<u>一端</u>為界、旋転一周、即成<u>一円</u>、此円線、謂之円界、円界内所積之面度謂之円面。

（写本原文に読点、下線なし）

下線がある「<u>一線</u>」の左に「甲乙」、二つの「<u>一端</u>」の左にそれぞれ「甲」と「乙」、「<u>一円</u>」の左に、「乙丙丁戊」と書いている。

写本だけでは分かりにくいため、写し手は、本文の上にある図形と合わせるように、符号「甲、乙、丙、丁、戊」を付けた。

二丁目の「第六」の条も同様である。

『数理精蘊』は、原理を論じる部分に、「一線」、「某円」のように、叙述するのが一般であり、ただ例を挙げる際に、具体的に「甲、乙、丙、丁」を付ける。この写本の全四冊とも、上に挙げた書き入れのように、「甲、乙、丙、丁」をほぼつけている。

三丁目の前半：

「第七」の条について、『数理精蘊』原文は、直径「乙丁」を例として挙げた。当写本はその例を省略している。だが、「第七」の条の下に、朱書で「或丙至戊」と書きかえている。「丙至戊」も直径であり、原文とは別の例を挙げたため、「或」を加えた。この点から見るとは、書き入れをした人は、『数理精蘊』原書と対照して、この写本を読んだことが分かる。

「第九」の条に、朱書書き入れがある。

凡円界皆以所対之角而命其弧、而角又以所対之弧而命其度。

（写本原文に読点、下線なし）

下線がある「円界」の左に「乙角為心甲丙為界」、「所対之角」の左に「乙角」、「弧」の左に「乙角度」と朱書で書いている。

この書き入れは、前文「第五」の条と同じく、原文の曖昧な言葉をはっきりさせるためである。

三丁目の後半：

「第十」の条に、初めて朱書で、読点を付けた。読点のつけたところは、光緒江寧本と完全に一致する。但し、光緒江寧本は「。」点を使用した。

写本はまた「第十」の条の例を文中注の形式で、細字双行の注を加えた。句読点は、光緒江寧本と同じである。

光緒江寧本と比較すると、写本は原文の一部（二カ所）を省略した。しかし、朱書の書き入れは、一カ所を以下のように補足している。

若画丁戊一直線、又成丁乙之径、復得両相等之直角矣、

（下線は筆者が付けた）

光緒江寧本の原文は、以下のようである。

若画丁戊一直線。又成丁乙之径。復得甲乙戊。丙乙戊。両相等之直角矣。

写本の「復得」と「両相等之直角矣」の間に、朱書で、「甲乙戊」と「丙乙戊」を補足している。

しかし、第十条の最後の部分の省略を、補足しなかった。写本の文と原文は、それぞれ以下のようである。

盖因平分円界為四、其四弧相対之四角、必相等、

盖因平分円界為四。其四弧相対之四角。必相等而為直角。則其二径相交。必互為垂線可知矣。

（下線は筆者が付けた）

下線の部分は、写本で省略された。但し、写本の「必相等」の左に、朱書「皆直角也」で、説明している、「必互為垂線可知矣」は、依然として省略されている。「垂線」の部分は、不必要であるため、書き入れをしなかった可能性もある。また、紙幅がなかった可能性もある。

「第十」の条の図形はこのようである。

四丁目の前半：

写本は、「第十一」の条の例の部分をすべて欠落している。

書き入れは、前述「第五」の条のように、原文の原理を叙述するところに、「甲、乙、丙、丁」などの記号を付けて、例とした。

また、『数理精蘊』原文にはない、朱書書きいれがある。

例えば：

凡角相対之弧不足円界四分之一者謂之鋭角若過四分之一者謂之鈍角

の原文の末尾に、朱書で「上四角合シテ総為四直角矣」とある。

「第十一」に句読点はない。

四丁目の後半：

写本は、「第十二」、「第十三」の条の例の部分を省略した。

書き入れは、前述「第五」、「第十一」の条のように、原文の原理を叙述するところに、「甲、乙、丙、丁」などの記号を付けて、例としている。

四丁目の後半、五丁目の前半：

写本は「第十四」の条の例の部分を二列の小さい文字で写す。句読点は、光緒江寧本と同じである。

しかし、原書の第一例の一部分は欠落。そのほかは、原書と一致する。省略したところは、以下のようである。

原書：

如丙乙丁直線上。画一甲乙直線。至於乙処。即成甲乙丙。甲乙丙丁之二直角也。①又或於丙乙丁直線上。画一戊乙直線。又至乙処。復成丙乙戊一鋭角。丁乙戊一鈍角。此二角②必与二直角相等也。

上の下線①の文は、写本で省略された。

下線②の処は、写本に、「此一角」

と書く。これは、写す際の書き間違いであろう。

五丁目の後半：

写本は「第十五」の条の例の部分を細字双行書写した。句読点は、光緒江寧本と同じである。

書き入れは、前述「第五」、「第十一」の条のように、原文の原理を叙述するところに、「甲、乙、丙、丁」などの記号を付けて、例としている。

写本の一カ所は、原書と以下のように異なる。

写本：

故衆角所対之弧、総不越一円之全度也。

上の下線部の「也」は、原書にない。写す際、無意識に書いたものだろう。

五丁目の後半、六丁目

写本「第十六」の条の内容および句読点は、光緒江寧本と同じである。

一個目の例は、省略されている。省略された部分は、以下のようである。

原書：

凡両直線相交所成二対角①之度。必倶相等。如甲乙丙丁二線。交於戊処。成甲戊丁丙戊乙之二対角。斯二角之度。②必倶相等。今以二線相交之処為心。旋転画一全円。則甲乙丙丁二線。倶為此円之径線矣。

（読点は原書のまま）

写本は、下線②の文を省略した。また下線①の左に、「甲戊丁」、「丙戊乙」という朱書の書き入れがある。原書の叙述は煩わしいから、写本は省略した。代わりに、朱書の書き入れを以て、省略した内容を表した。

七丁目前半

写本「第十七」の条は、「 第十六」の条のように、叙述が煩わしい原書の例を省略し、朱書書き入れを以て、省略した内容を表した。

七丁目後半、八丁目前半

写本「第十八」の条は、原書と完全に同じであり、各列の首尾の文字も相同である。但し、句読点は付けていない。

写本は、「第十九」の条の例を、一部省略し、一部細字双行に変えた。

以下のようである。

原書：

如甲乙丙丁二線平行。自上線甲乙二処。至下線丙丁二処。画二縦線。則此二線為相等線。其度必等。①然則甲乙丙丁相対之間。其相距之遠近。不已見耶。②

下線①の部分は省略し、下線②の部分は、細字双行に変える。

八丁目前半

写本は「第二十」の条の例を省略した。また、条目「第二十」を「第三十」のように間違えている。

「甲、乙、丙」などの番号を付けた朱書書き入れがある。

写本は「第二十一」の条の例を前述「第十九」のように、一部を省略し、一部を細字双行で書いた。他の部分は原書とは同じであり、句読点も同じである。

八丁目後半

写本は「第二十二」の条の例をすべて省略する。しかし、朱書の書き入れは、原書の原文を以て、補足する。以下のようである。

原書：

凡平行二線上。画一斜線。則成八角。此八角度有相等者。必是対角。或内外角。如庚戊乙。甲戊己二角。其度相等①。因其両尖相対。謂之対角②。庚戊乙。戊己丁。二角。其度亦相等。③因其在平行二線之内外。故謂之内外角。④甲戊己。戊己丁。二角。其度亦相等⑤。因其俱在平行二線之内⑥。而立斜線之左右。故又謂之相対錯角⑦。又如甲戊庚。庚戊乙。二角。其度不等。⑧因其立一線之界。謂之並角。⑨庚戊甲。丁己辛。二角。其度亦相等。⑩因其俱在平行二線之外故謂之外角。⑪乙戊己。丙己戊。二角。其度亦相等。⑫因其又在平行二線之内。⑬故又謂之内角。総之二平行線上。交以斜線。所成八角。必両両相等也。

写本は、上文の下線の①、③、⑤、⑧、⑩、⑫の部分を、省略している。他は原文と同じである。その六つの部分は、すべて「甲、乙、丙、丁」などの記号を以て、叙述した文である。写し手は、機械的に、その部分を誤って例と見なしたけれども、事実上その部分は例ではない。その部分が欠けると、「第二十二」の条の内容が理解できなくなる。よって、読み手は、朱書で、原書の原文を以て、これを補った。

朱書の書き入れは以下のようである。

上文下線②の左に、「庚戊乙甲戊己二角其度相等」

と書いた。即ち、下線①である。

上文下線④の左に、「 庚戊乙戊己丁二角其度亦相等」

と書いた。即ち、下線③である。

上文下線⑥と⑦の左に、「 甲戊己戊巳丁二角其度亦相等」

と書いた。即ち、下線⑤である。

上文下線⑨の左に、「甲戊庚庚戊乙二角其度不レ等」

と書いた。即ち、下線⑧である。

上文下線⑪の左に、「庚戊甲丁己辛二角其度亦相等」

と書いた。即ち、下線⑩である。

上文下線⑬の左に、「乙戊己丙己戊二角其度亦相等」

と書いた。即ち、下線⑫である。

「第二十二」の条の図形は以下である。

写本と原書とは同じである。

九丁目前半

写本は「第二十三」の条の一つの例を省略した。

原書：

平行線上一辺④之二内角。或一辺⑤之二外角。与二直角相等。如丁己戊角。与丙己戊角為並角。則此二並角。与二直角等。①前第十四節云。凡一直線。交於他直線。所成二角。必与二直角相等。則此二角同出於一直線。為並角。故与二直角等矣。②又如甲戊庚庚戊乙。雖為外角。而亦為並角。此二直角等也。他如甲戊己乙戊己二角。丙己辛丁己辛二角並角。亦与二直角等也。③

写本は、上文下線の①を省略している。下線②と③を細字双行で書いた。他部分は、原書の原文とは同じである。

写本に、下線④の右に、「丁己戊丙己戊」と書いている。それは、省略した下線①の部分に対する補足である。また左に、「乙戊己甲戊己」と加える。下線⑤の右に「丙己辛　丁己辛」、左に「甲戊庚　庚戊乙」を書く。原書はただ一例を挙げているに対し、書き入れはすべての該当する角を挙げている。

「第二十三」の条の句読点は、省略した部分以外、写本と原書とは一致する。図形は「第二十二」の条とは同じである。

九丁目後半

写本は、「第二十四」の条の例の「甲、乙、丙」の付く部分を省略し、例の他の部分を細字双行で書いた。朱書の書き入れは、これを補ったが、原文通りではない。

以上のまとめ

光緒江寧刊本が十四丁があるのに対し、写本のは計9丁しかない。それは、写本は原書中の例を大量に省略したためである。原書の「甲、乙、丙、丁」などの記号がつくところは、写本ではすべてに機械的に略された。

一部分のところは、文意も通じない。例えば、「第二十二」の条。

よって、原書を写す際、書写の速度のため、思考せず、純粋の清書だけをしたようである。ただ、朱書の書き入れは、省略した部分を基本的に補足する。筆跡が同じであるため、最初の写した人と書き入れた人とは、同じ人である。

この写本の「幾何原本」巻二より以下の各章節の特徴は、基本に「幾何原本」巻一とは同じである。本稿の以下の部分は、ただ巻一の特徴と異なるところのみを述べる。

2. 御製数理精蘊上編』巻二「幾何原本二」

写本の「幾何原本二」は、「幾何原本一」と同じく、「甲、乙、丙、丁」などの番号が付く例を、殆ど省略された。また写本の「幾何原本一」のように、朱書の書き入れで、省略された部分を補足している。

以下、丁毎に、分析する。

十丁目前半（前番号に続く）

十丁目の前半は、「幾何原本二」の「第一」と「第二」の条である。幾つかのところは、略字を使う以外、すべて光緒江寧本と同じであり、各列の首尾文字も相同である。

書き入れがなく、句読点も付けていない。

十丁目後半

「第三」の条は「第一」、「第二」と同じである。

「第四」の条は、原書の「如甲乙丙三角形」は省略された。また、原書の例を細字双行で書いた。省略された「如甲乙丙三角形」という言葉は、文意の理解を妨げない。その特徴は、本写本で、初めあった。

また、写本の原文の左に、書き入れがある。

写本の原文：

凡参三角形之三角度相併必与二直角度等

上文の下線の部分の左に、この書き入れがある。

甲乙丙角丙乙丁各合成一直角与甲角併

これは、読み手は図形を対照して書いた、原書にない言葉である。

「第四」の句読点は、光緒江寧本と同じである。

十一、十二丁目、十三丁目の前半

原書の「第五」～「第十」の条の写し。前の部分と同じく、例を一部分省略し、一部分を細字双行で書いた。朱書の書き入れも前の部分と同じく、文意をよく理解できるように、「甲、乙、丙、丁」などの記号が付けられた。一部分に、朱書の句読点が付けられている。その句読点は、光緒江寧本と同じである。

十三丁目の後半、十四丁目の前半

写本は、原書「第十一」の条を一部分を省略した、文意の理解を妨げることが生じたから、朱書の書き入れは、原書の原文を以て、それを補った。それは、八丁目の後半の情況と同じである。此の部分の朱書の句読点は、光緒江寧本と同様である。

十四丁目

以下は「第十二」の条の写し。

写本原文：

凡三角形内必有二鋭①角蓋三角形之三角併之与二直角等見本巻第四節又如②有鈍角③則所余之二角④愈小於直角而為鋭角矣

下線①の左右に、図形に合わせて「丁一己一」、「甲一丙一」を朱書で書いた。省略された部分は「丁角、己角、甲角、丙角」を具体的な説明である。この書き入れは、簡単であるが、文意は十分に伝達できる。

下線③の「有鈍角」という表現は、原文にはない。原文はこのようである。

「又如丁戊己三角形之戊角為鈍角。」

下線③「鈍角」左右に、「丁一」、「戊角」を朱書で、書いた。ここの「丁一」はつまり原文の「丁戊己三角形」であり、「戊角」は原文中の戊角である。下線④の「二角」も原文にはない。原文は、「則所余之丁角己角愈小於直角而為鋭角矣」である。下線④の左右に、「己角」、「丁角」を朱書で、書いた。写した際、省略した「己角」、「丁角」は、書き入れに補足した。

十四丁目後半、十五丁目

写本は、原書の「第十三」～「第十四」の条を写した。前の部分（十～十三丁目）と同じく、例は省略されている。朱書の書き入れは文意を理解するため、「甲、乙、丙、丁」などの付けた記号である。朱書の句読点も付けられている。句読点は、光緒江寧本と同じである。また、省略された部分以外、各列の首尾の文字も光緒江寧本と同じである。

3.『御製数理精蘊上編』巻二「幾何原本三」

十六丁目の前半

十六丁目の前半は『数理精蘊上編』巻二「幾何原本三」「第一」の条の写しである。書き入れがない。行列数、各列の字数、各列の首尾文字、本文の上の図形及びその位置は、すべて光緒江寧本と同じである。ただし、略字が使用されている。また、句読点も付けていない。

十六丁目の後半～二十二丁目

この部分は、『数理精蘊上編』巻二「幾何原本三」「第二」の条～「第十五」の条の写しである。写本の文及び書き入れは、前述の「幾何原本一」と「幾何原本二」とは、同じ様態である。特別なところはない。

4.『御製数理精蘊上編』巻二「幾何原本四」

「幾何原本一～三」の最初のページの写しは、原書と一致するため、省略せず、原文のまま写したけれども、「幾何原本四」については、最初の文からも省略されている。

以下の写本二十三丁目、「幾何原本四」の写しである。

凡有直線①切於円界②而不与円界相交③者謂之切線④又如一円⑤与一円⑥界相切⑦而不相交則謂之切円。⑧

④と⑧の所に、原書の原文の例がある。写本には、それを省略した。

下線①の左に、朱書書き入れ「甲乙丙」と書いている。

下線②の左に、朱書書き入れ「丁円乙界」と書いている。

下線③の左に、朱書書き入れ「自レ甲過レ乙至レ丙故」と書いている。

下線⑤の左に、朱書書き入れ「戊」と書いている。

下線⑥の左に、朱書書き入れ「己」と書いている。

下線⑦の左に、朱書書き入れ「於二庚界一相切」と書いている。

以上の書き入れは、すべて省略した原文中の語句である。ただし、「幾何原本一～三」の書き入れとは異なる。「幾何原本四」中の書き入れは、「レ」、「一」、「二」などの訓読点が付けられている。訓読点のつく書き入れは、また二十六丁目にある。

たとえば：

甲乙丙角為二甲丙丁之外角ト一与二甲丁丙ト丙甲丁ノ二内角等

試作リ二丁丙戊全径線ヲ一成二甲丙戊大角乙丙戊小角甲丁戊大界角乙丁戊小界角一見之心角必倍二於界角一

成甲丙戊ト乙丙戊ノ二心角甲丁戊乙丁戊二界角一見レ之心角必倍二於界角一

三十四丁目の最後のところに、写し手の省略した部分を朱書で、原書の内容を補足した。以下のようである。

此両式六三角形之垂線既与壬癸子直角三角形之壬癸小辺線度等而両式六三角形之底線共度又与壬子癸直角形之癸子大辺線度等則壬癸子直角形之面積必与乙丙丁戊己庚等辺六角形之面積相等矣

それは、原書「第二十一」の最後の部分と全く同じである。この書き入れは、原書のままであるから、読み手はこの写本を使う同時に『数理精蘊』原書を対照して、使用したことは、可能である。

写本の「幾何原本四」の他の書き入れは、主に「甲、乙、丙、丁」などの番号をつけることだけである。

⑤『御製数理精蘊上編』巻二「幾何原本五」

写本の「幾何原本五」の書き入れも主に「甲、乙、丙、丁」などの番号をつけたもののみである。ただし、「第二十八」の条に、書き入れがある。前の部分の本文の間に書き込みと異なり、この書き入れは、本文の上の図形の側に、書き込んだ。

書き込んだ語句は、原書とは同じである。以下のようである。

写本の書き入れ：

①甲四面体其四厚角皆三平面三角形所合而成也。

②乙八面体其六厚角皆四平面三角形合而成。

③丙二十四面体其十二面厚角皆五平面三角形合而成也。

④丁六面正方体其八厚角皆三平面四角形所合而成也。

⑤戊十二面体、其二十厚角皆三平面五角形所合而成也。

以上の書き入れた文は、原書から引用した文である。原文は以下のようである。

⑥如甲四面体其四厚角皆三平面三角形所合而成也。乙八面体其六厚角皆四平面三角形合而成也。丙二十四面体其十二面厚角皆五平面三角形合而成也。

⑦如丁六面正方体其八厚角皆三平面四角形所合而成。此外更無他形。

⑧如戊十二面体、其二十厚角皆三平面五角形所合而成。此外更無他形也。

上の①、②と③の原文は、⑥である。ただ、②の文末に「也」という字がなく、原文にはある。

④の原文は⑦である。ただ、④の文末に「也」という字があり、原文にはない。

⑤の原文は⑧である。ただ、⑤の文末に「也」という字があり、原文にはない。

小　括

この写本の第1冊の特徴は以下の通りである。

筆跡から見ると、写し手と朱書書き入れた人と同じ人である。

書き入れは、写本で省略された部分に対する補足である。

句読点以外に、「レ」、「一」、「二」などの訓読点も付けられている。

書き入れは、すべて『数理精蘊』原書からの引用である。

この写本の第2冊～第3冊は、『数理精蘊上編』巻二「幾何原本六」～「幾何原本十二」の写しである。第4冊は、「算法原本一」と「算法原本二」の写しである。書き入れはあるけれども、主に「甲、乙、丙、丁」などの記号を付ける作業である。第1冊のような補足作業は行わなかった。

結　論

本書は江戸後期西洋数学受容史における『数理精蘊』にかかわる以下の諸問題を解明した。

第一章では、中国数学史学者李儼の先行研究を踏まえて、『数理精蘊』の対数表製法の原理に研究を加え、李儼の誤りを修正した。

また、第一章で、実証的、数学的な研究を加えて、安島直円の対数表製法の数学原理と徐浩修の対数思想は同じであることを指摘した。両者とも、『数理精蘊』の考え方とは異なり、常用対数の底数が10であるという特性を利用する独自的な研究である。

第二章では、蘭書による対数の受容という問題についての論述である。これまでの研究は、本多利明の『大測加減代乗除表』が最古のものであると認識している。その理由は、『大測表』巻5「七向表、東西表」に、Streek tafelという蘭語の書き入れがあるという間接的な根拠が存在するからである。『大測表』の第二巻としての『大測加減代乗除表』の典拠が蘭書である直接的な根拠には、これまでの研究書は論及していない。筆者は蘭書『航海宝函』京都本に対して書誌的調査研究を行い、そのうちの対数表における二カ所（169と997の対数値）の誤りを発見した。本多利明『大測加減代乗除表』中の169と997の対数値も『航海宝函』京都本と同じように、誤っている。よって、『大測加減代乗除表』の対数表部分の原典は蘭書『航海宝函』であるとの重要な指摘を行った。

『大測加減代乗除表』の用例の部分について、朝鮮書『数理精蘊補解』と比較して、その類似性を指摘した。

また、坂部広胖『算法点竄指南録』を調査して、1800年以前に対数を研究した安島直円、本多利明、日下誠、坂部広胖四学者の師承関係、学問のつながりを明らかにした。

第三章は第一章と第二章の論述に踏まえて考察する。その結果、『数理精蘊』の日本伝来時期について、以下のようにまとめられる。

①天明期の安島直円『真仮数表』は、蘭書から示唆を得て作られたものであり、『数理精蘊』との直接的な関連は見当たらない。

②寛政期の本多利明『大測表』の対数表は蘭書『航海宝函』中のダウウエス『数表』から得たものである。日下誠の整理した安島直円遺稿『不朽算法』の対数表製法も『数理精蘊』からの影響は見当たらない。この時期の他の書籍にも『数理精蘊』の影響はない。しかし、『大測表』および『不朽算法』の対数表の用法についての論述は、『数理精蘊』由来のはずである。よって、寛政期に『数理精蘊』は部分的に日本の学者に受け入れられた。

③文化十三年（1816）に『数理精蘊』の全書は、ほぼ和訳された。『明治前日本数学史』によると、文化以後、篠原善富『作対数表法』（1823）および『数理精蘊』にもとづいた数表が多種現れる。よって、文化以降、『数理精蘊』は日本の学者に広く利用された言える。

第四章は、漢訳数学書の用語についての論述である。

イエズス会の宣教にともない、多くの西洋書籍が漢訳され、様々な分野において大量の新しい用語が作られた。そのうち、地理学の用語、人文学および神学哲学の用語はよく研究されている。しかし、現在でもかなり使われている漢訳数学用語について、体系的研究はまだ見当たらない。本章で、春秋戦国時代から明末までの中国数学書および漢訳数学書を利用して、『数理精蘊』中の数学用語の典拠を考察した。『数理精蘊』中の用語のうち、どれが伝統的な用語であり、どれが新造語であるかという問題を解明した。

第五章は江戸後期洋学者の数学用語についての論述である。

江戸後期の洋学者のうち、志筑忠雄は天文数学において大成した学者である。本章では、志筑忠雄の訳書中の用語を漢訳書の用語および和算用語と比較し、志筑忠雄の訳書中の和算用語、漢訳書の用語、また自分で創り出した用語の特徴を考察した。志筑忠雄の訳し数学用語と漢訳書『数理精蘊』および和算書『不朽算法』の用語との異同を解明し表示した。

第六章および第一章第六節は、『数理精蘊解』に注目したはじめての調査研究である。『明治前日本数学史』および『和算史年表』など先行研究は、『数理精蘊』巻38「対数比例」の最古和訳本が1823年篠原重富の『製対数表法』であると述べている。巻38以外の『数理精蘊』の和訳本について、これまでの研究は触れていない。

本書は、巻38「対数比例」以外の部分の和訳本も存在すること、および巻38の最古の和訳本は1823年篠原重富の『製対数表法』ではないことをはじめて指摘した調査研究である。

また本章では『数理精蘊解』中の計算尺について、正弦尺を例として、その数学原理を明らかにした。つまり、その種の計算尺は、平面座標系の横座標と縦座標とを一本の直線にまとめたものであると解明した。

第七章は金武良哲の『数理精蘊』写本についての研究である。

金武良哲の『数理精蘊』写本は、代数を中心とした部分の写本である。金武良哲は佐賀藩好生館の教官を担当した経験があるため、この写本は教学用参考書であろう。

金武良哲の『数理精蘊』写本の三つの特徴を以下のようにまとめた。

①『数理精蘊』の幾何の部分も写されたが、この部分に、書き入れはない。代数の部分に、多くの書き入れがある。

②金武良哲は、『数理精蘊』中の原漢数字算式をほとんど書きなおし、『数理精蘊』原解法もよく解説している。一部のところで、和算式も使われている。本章は、『御製数理精蘊』下編巻27、28の冊の中の和算式を例

として、現代数学式で、説明した。

③金武良哲の書き入れは、ほとんど算式であり、文字の説明が少ない。

第八章は福田家『数理精蘊』写本研究である。この写本は江戸後期有名な和算学者福田復と福田理軒家の写本である。この写本の末尾に掲げている大阪算学校出版図書リストから見れば、この写本も大阪算学校の教学参考書として使われた可能性もある。また、この写本の特徴は以下の通りである。

①第1冊の筆跡から見ると、写し手と朱書書き入れた人と同じ人である。

②第1冊の書き入れは、写本で省略された部分に対する補足である。

③第1冊の句読点以外に、「レ」、「一」、「二」などの訓読点も付けられている。

④第1冊の書き入れは、すべて『数理精蘊』原書からの引用である。

⑤この写本の第2冊～第4冊には、書き入れはあるけれども、主に「甲、乙、丙、丁」などの記号を付ける作業である。第1冊のような『数理精蘊』原文からの引用はない。

参考文献

日本国内各図書館蔵一次資料

早稲田大学図書館蔵本

1. 延岡内藤家蔵『数理精蘊解』、文化 13 年写本

2. 志筑忠雄『暦象新書』、写本

千葉県立図書館房総数学文庫蔵本

3. 安島直円『真仮数表』、写本

4. 本多利明『大測加減代乗除表』、写本

5. 本多利明『大測表』、写本

京都大学付属図書館岡島伊八和算コレクション

6. 安島直円遺稿、日下誠編集『不朽算法』、写本

7. 坂部広胖『算法点竄指南録』、写本

8. 梅文鼎『暦算全書』、写本

9.『数理精蘊』、福田家写本

京都大学付属図書館準貴重書室

10.『航海宝函』、1781 年刊本（Schat-kamer ofte kunst der stuurlieden, Klaas de Vries, Amsterdam，1781）

京都大学理学部図書館

11.『数理精蘊』、光緒江寧刊本

京都大学大学院人間・環境研究科図書館

12. 森鼎『砲術明鑑』、19 世紀初写本

東京大学総合図書館

13.『数理精蘊』、光緒広東刊本

東北大学和算ポータル

14. 徐浩修『数理精蘊補解』、1925 年写本

宮城県図書館伊達文庫

15.『航海宝函』、1786 年刊本（Schat-kamer ofte kunst der stuurlieden, Klaas de Vries, Amsterdam，1786）

佐賀県立博物館蔵本

16.『数理精蘊』、金武良哲写本

国立天文台図書室

17.『数理精藴補解』、1786 年刊本

18.『数理精藴』、3 冊刊本（零本）

19.『数理要解』、写本、1 冊

20.『対数表』、写本、2 冊

21.『八線対数表』、刊本、3 冊、零本

22.『御製暦象考成後編』、写本

23.『御製暦象考成』、上編、和訳写本、文化 13

台湾商務印書館重印文淵閣『四庫全書』

1. 李燾『続資治通鑑長編』

2. 王充『論衡』

3. 欧陽脩『新唐書』

4. 徐光啓『新法算書』

5. 朱載堉『律歷融通』

6. 利瑪竇『乾坤體義』

7. 利瑪竇『幾何原本』

8. 熊三拔『簡平儀說』

9. 方中通『數度衍』

10. 杜知耕『數學鑰』

11.『幾何論約』

12. 何國宗、梅瑴成、愛新覺羅允祿等『欽定協紀辨方書』

13. 莊亨陽『莊氏算學』

14. 陳訏『句股引蒙』

15. 江永『數學』

16. 何國宗、愛新覺羅允祿等『御製歷象考成』

17. 秦蕙田『五禮通考』

18. 江永『律呂闡微』

19. 清高宗『皇朝通志』

20. 清高宗『皇朝文獻通考』

21. 仇兆鰲『杜詩詳註』

22. 李時珍『本草綱目』

23. 陸佃『埤雅』

24.『墨子』

25. 胡廣『性理大全書』

26. 羅玘『圭峰集』

27. 李之藻『圜容較義』

28. 公羊高『周易輯聞・筮宗』

29. 李誡『營造法式』

30. 劉徽『九章算術』

31. 周子愚、熊三拔『表度說』

32. 王徵、鄧玉函『奇器圖說』

33. 李之藻『同文算指』

34. 熊三拔『泰西水法』

35. 李之藻『渾蓋通憲圖說』

36. 熊三拔『簡平儀說』

37. 陽瑪諾『天問略』

38. 徐光啟『農政全書』

39. 李昉『太平御覽』

40. 徐堅『初學記』

41. 艾儒略『職方外紀』

42. 嚴粲『詩緝』

43. 朱熹『原本周易本義』

44. 秦九韶、『數學九章』

45.『東華錄』

46.『御製数理精蘊』

47. 梅文鼎『曆算全書』

研究書

1. 松田清．蘭学の書誌学的研究．臨川書店，1998

2. 佐藤賢一．近世日本数学史——関孝和の実像を求めて——．東京大学出版会，2005

3. 川原秀城．朝鮮数学史．東京大学出版会，2010

4. 銭宝琮．中国数学史．川原秀城訳．みすず書房，1990

5. クレインス・フレデリック．江戸時代における機械論的身体観の受容．臨川書店，2006

6. 安大玉．明末西洋科学東伝史——『天学初函』器編の研究——．知泉書館，2007

7. 荒川清秀．近代日中学術用語の形成と伝播．白帝社，1997

8. 佐藤亨．近世語彙の歴史的研究．桜風社，1980

9. 日本学士院．明治前日本数学史．岩波書店，2008

10. 遠藤利貞，山上義夫，平山諦．増修日本数学史．恒星社厚生閣，1981

11. 板沢武雄．日蘭文化交渉史の研究．吉川弘文館，1986